牛の乳房炎治療ガイドライン

抗菌剤適正使用のための理論と実際

動物用抗菌剤研究会 編

緑書房

ご 注 意

本書中の診断法,治療法,薬用量については,最新の獣医学的知見をもとに,細心の注意をもって記載されています。しかし獣医学の著しい進歩からみて,記載された内容がすべての点において完全であると保証するものではありません。実際の症例へ応用する場合は,使用する機器,検査センターの正常値に注意し,かつ用量等はチェックし,各獣医師の責任の下,注意深く診療を行ってください。本書記載の診断法,治療法,薬用量による不測の事故に対して,著者,監修者,編集者ならびに出版社は,その責を負いかねます。(株式会社緑書房)

序　文

　牛乳房炎は今日でも頻度の高い生産動物の感染症であり，その被害も甚大である。牛乳房炎の，診断，治療，予防については古くから日本のみならず世界的に研究されているものの，今なお克服できない牛の難治性感染症のひとつで，臨床獣医師が現場で治療方針を逡巡する疾病の最たるものであろう。まさに生産動物に関する最も古くて，最も新しい感染症が牛乳房炎なのである。

　画期的な生物学的製剤が未だ開発されていない状況から，牛乳房炎の治療には多くの種類の抗菌剤が泌乳期あるいは乾乳期に多用されている。しかし，多くは獣医師による経験的治療（empiric therapy）に依存しており，臨床的評価に基づく原因菌ごとの抗菌剤の適切な選択や使用は不十分であると思われる。その最大の理由は，日本独自の牛の飼養管理を理解した上での専門的治療指針がないことである。よって臨床現場では，農業共済の治療指針や，限られた論文などを参考に抗菌化学療法がなされているのが現状であろう。

　一方，生産動物における抗菌剤の誤用と多用は薬剤耐性菌を選択・増加させ，それが食物連鎖を介してヒトに伝播することによる健康上の影響が指摘されており，生産動物由来薬剤耐性菌の制御法の確立は国際的な喫緊の課題ともなっている。このような状況を鑑み，牛乳房炎治療用の抗菌剤の適正使用に役立てるため，動物用抗菌剤あるいは薬剤耐性菌に関して長い実績を有する動物用抗菌剤研究会が編集した日本独自の治療ガイドラインが本書『牛の乳房炎治療ガイドライン』である。

　本書作成にあたっては，日本を代表する専門家の方々により編集委員会を構成し，牛の乳房炎の全体像を理解していただくことを念頭に編集を行い，乳房炎の概要，疫学，治療・予防法，現場に即した診断法や原因菌の薬剤感受性も項目として取り入れた。また，さらに知識を得ようとする獣医師向けには，開発途上の予防・治療法や，具体的な薬剤感受性試験法，耐性機構などの専門的な内容についても記述した。なお，記載された治療法には，承認された抗菌剤にとどまらず文献等のエビデンスがあれば記載することとした。したがって，未承認の抗菌剤の使用にあたっては有効性もさることながら畜産食品への残留についても最大限の注意を払う必要がある。今後もエビデンスの充実を図ることにより，最終的には日本における牛乳房炎治療の標準ガイドラインとして位置づけられることを願っている。

　本書をまとめるにあたり，緑書房の森田　猛社長，羽貝雅之氏をはじめ，編集部の皆様にたいへんお世話になった。本書が広く生産動物医療に従事する獣医師のみならず，獣医学教育にも大いに活用されることを期待している。

2015年9月

動物用抗菌剤研究会 理事長

田村　豊

動物用抗菌剤研究会
牛の乳房炎治療ガイドライン編集委員会 一覧

監　修
田村　豊　*Yutaka Tamura*
酪農学園大学　獣医学群　獣医学類　衛生・環境学分野　食品衛生学ユニット

編集委員長　　　　　　　　　　　　　　　　　　　　　　　　　執筆担当章
河合一洋　*Kazuhiro Kawai* ……………………………………… カラー口絵・第 2・3・4・5 章
麻布大学　獣医学部　獣医学科　衛生学第一研究室

編集委員 （五十音順）
臼井　優　*Masaru Usui* …………………………………………… 第 8 章
酪農学園大学　獣医学群　獣医学類　衛生・環境学分野　食品衛生学ユニット

片岡　康　*Yasushi Kataoka* ……………………………………… 第 6 章・略語一覧
日本獣医生命科学大学　獣医学部　獣医学科　病態獣医学部門　感染症学分野

加藤敏英　*Toshihide Kato* ………………………………………… 第 7 章
NOSAI 山形　置賜家畜診療所

樋口豪紀　*Hidetoshi Higuchi* ……………………………………… 第 1・4 章
酪農学園大学　獣医学群　獣医学類　衛生・環境学分野　獣医衛生学ユニット

平山紀夫　*Norio Hirayama* ……………………………………… 第 9 章
麻布大学　客員教授

目　次

序　文　3
動物用抗菌剤研究会　牛の乳房炎治療ガイドライン編集委員会　一覧　4
カラー口絵　7
略語一覧　16

第1章　乳房炎の概要　18

 1. 乳房炎とは …………………………………………………………………… 18
 2. 乳房炎の疫学 ………………………………………………………………… 20
 3. 近年問題となっている乳房炎原因菌種の特徴 …………………………… 23

第2章　牛の抗病性と乳房炎の発生要因　28

 1. 牛を取り巻く環境要因と乳房炎 …………………………………………… 29
 2. 牛の抵抗性と乳房炎 ………………………………………………………… 33
 3. 乳頭における防御機構と乳房炎 …………………………………………… 34

第3章　乳房炎原因菌の特徴と乳房炎の診断，治療および予防　38

 1. 抗菌剤による乳房炎治療と有効性の評価 ………………………………… 39
 2. 黄色ブドウ球菌による乳房炎 ……………………………………………… 40
 3. 環境性ブドウ球菌による乳房炎 …………………………………………… 41
 4. 環境性レンサ球菌による乳房炎 …………………………………………… 41
 5. 大腸菌群による乳房炎 ……………………………………………………… 42
 6. 緑膿菌による乳房炎 ………………………………………………………… 46
 7. 酵母様真菌による乳房炎 …………………………………………………… 46
 8. プロトセカ属による乳房炎 ………………………………………………… 47
 9. マイコプラズマ属菌による乳房炎 ………………………………………… 48
 10. 未経産乳房炎 ……………………………………………………………… 49

第4章　乳房炎の治療・予防戦略の新展開　52

 1. 抗菌剤に代わる乳房炎治療法 ……………………………………………… 52
 2. 海外における乳房炎ワクチンの概要 ……………………………………… 55

第5章　臨床現場における乳房炎原因菌の微生物学的同定法　60
　　　1. 乳汁の採材手法 …………………………………………………………… 60
　　　2. 細菌培養の手法 …………………………………………………………… 61
　　　3. マイコプラズマの検査手法 ……………………………………………… 63

第6章　薬剤感受性検査法（MIC測定法とディスク法）　64
　　　1. 薬剤感受性検査の準備 …………………………………………………… 64
　　　2. 薬剤感受性検査法 ………………………………………………………… 64
　　　3. 薬剤感受性検査におけるディスク選択 ………………………………… 70

第7章　乳房炎原因菌の薬剤感受性動向　74
　　　1. 原因菌分離状況 …………………………………………………………… 75
　　　2. 薬剤感受性動向 …………………………………………………………… 78
　　　3. 抗菌剤使用と薬剤耐性菌 ………………………………………………… 86

第8章　乳房炎原因菌の耐性菌出現状況と耐性機構　88
　　　1. ストレプトコッカス属菌 ………………………………………………… 89
　　　2. 大腸菌群 …………………………………………………………………… 92
　　　3. コアグラーゼ陰性ブドウ球菌および黄色ブドウ球菌 ………………… 95
　　　4. マイコプラズマ属菌 ……………………………………………………… 96

第9章　乳房炎治療薬の特徴と使用に係る法規制　100
　　　1. 乳房炎治療薬の種類 ……………………………………………………… 100
　　　2. 抗菌薬の特徴 ……………………………………………………………… 106
　　　3. 抗菌剤の使用に係る法規制 ……………………………………………… 114

牛の乳房炎治療ガイドライン

カラー口絵

第2章　牛の抗病性と乳房炎の発生要因

a：乳頭のうっ血

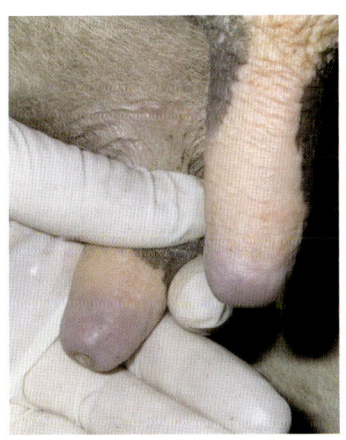

b：乳頭口　痂皮化亢進

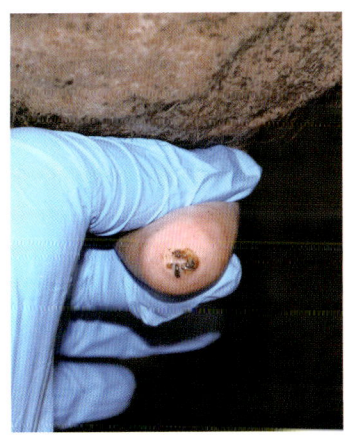

c：正常な乳頭

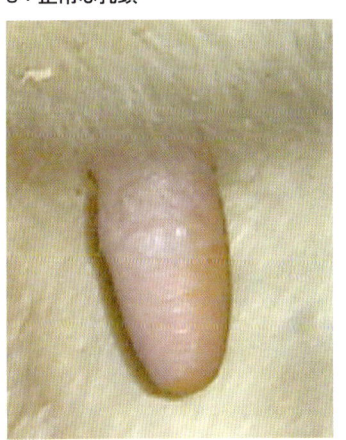

過搾乳による乳頭のうっ血

本文参照 p.34　図 2-8　異常乳頭と正常乳頭

第5章　臨床現場における乳房炎原因菌の微生物学的同定法

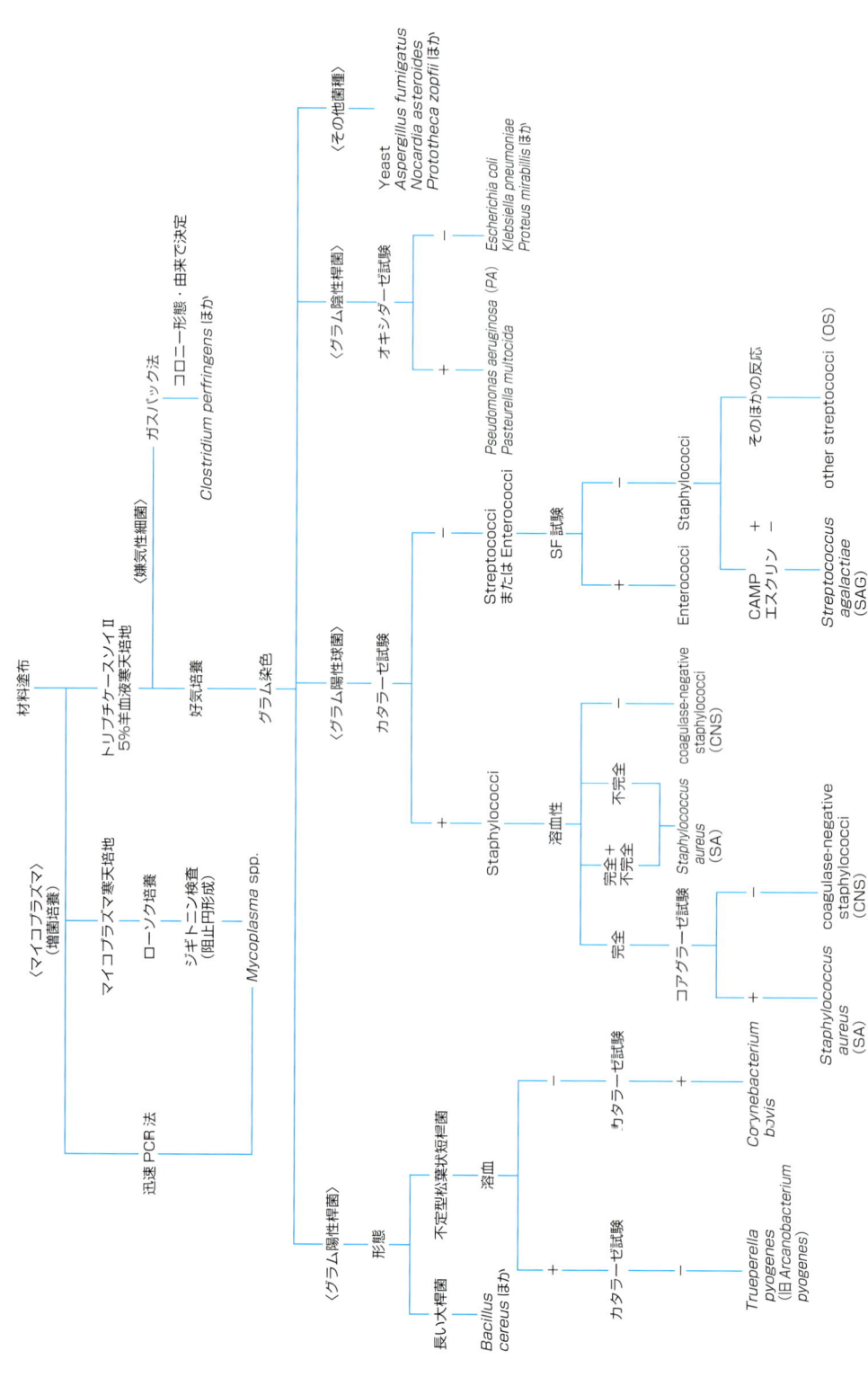

図5-1　臨床的・実際的な牛乳房炎原因菌の同定手順

本文参照 p.60

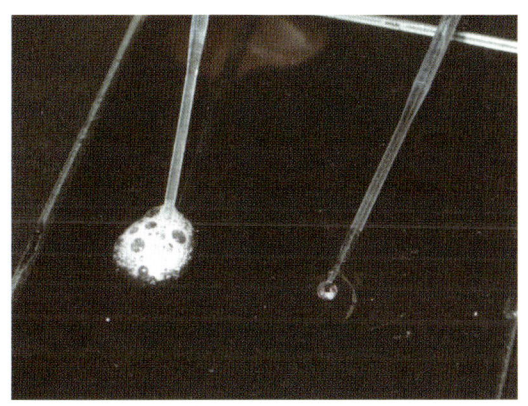

カタラーゼ試験
泡あり：陽性
泡なし：陰性

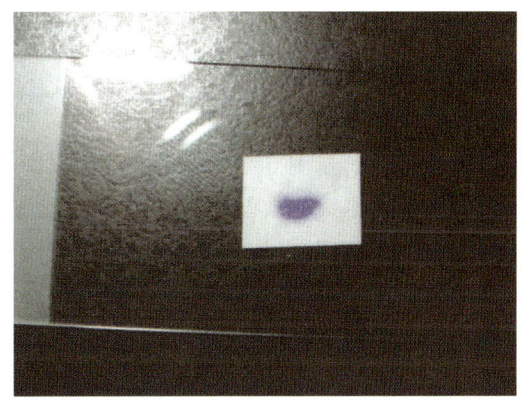

オキシダーゼ試験
（1分以内）
青色：陽性
無色：陰性

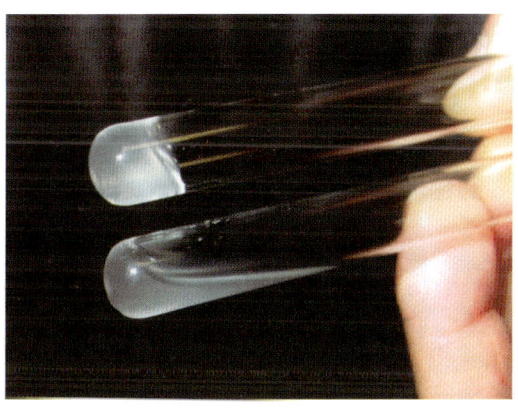

コアグラーゼ試験
凝固あり：陽性
凝固なし：陰性

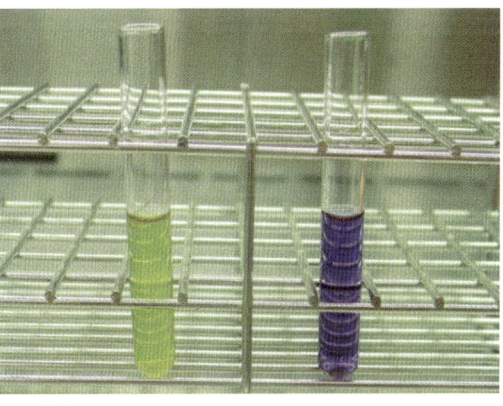

SF 試験
黄色：陽性
青色：陰性

本文参照 p.60　図 5-2　牛乳房炎原因菌の同定法

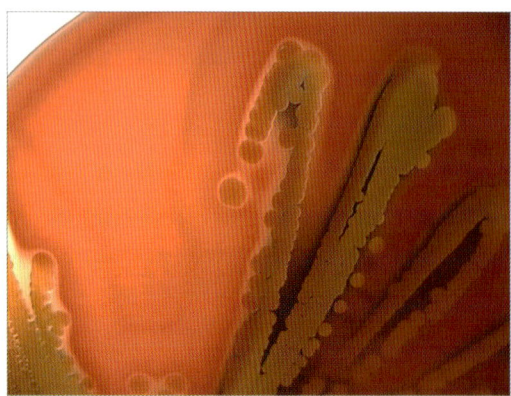
Staphylococcus aureus（SA）
乳白色スムース型中コロニー
（完全溶血帯と不完全溶血帯）

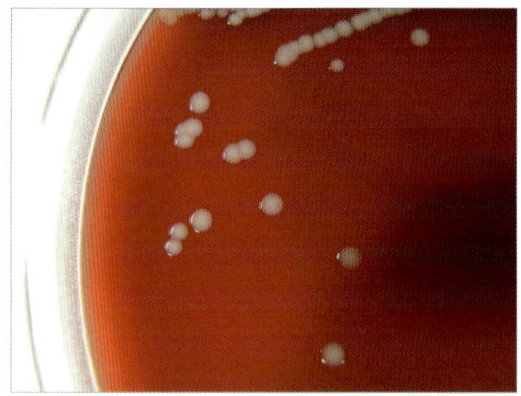
coagulase-negative staphylococci（CNS）
乳白色スムース型中コロニー

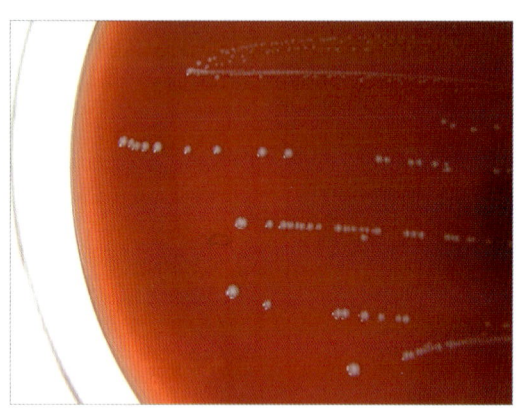
Streptococcus uberis（SU）
灰色スムース型小コロニー

Trueperella pyogenes（TP）
灰色スムース型微小コロニー（完全溶血）

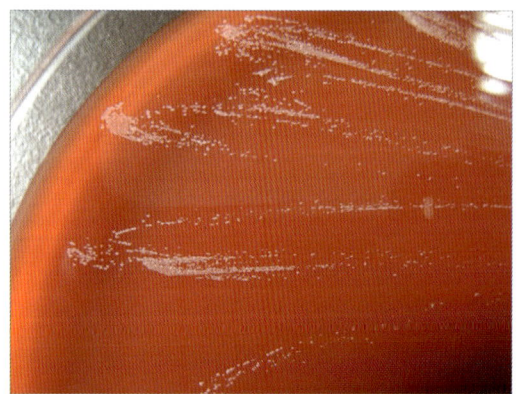
Corynebacterium bovis（CB）
乳白色ラフ型小コロニー，乾燥様，溶血なし

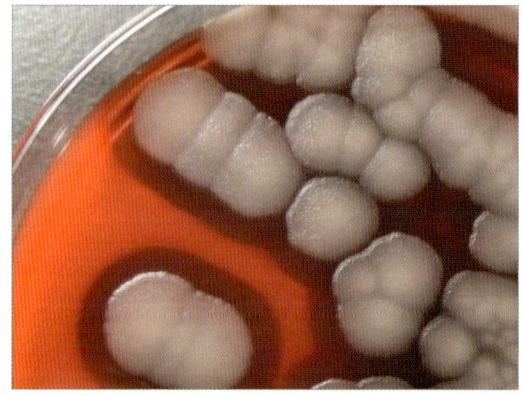
Bacillus cereus
灰色大ラフ型光沢なしコロニー（完全溶血）

本文参照 p.61　図5-4　目で見てわかる乳房炎原因菌のコロニー形態

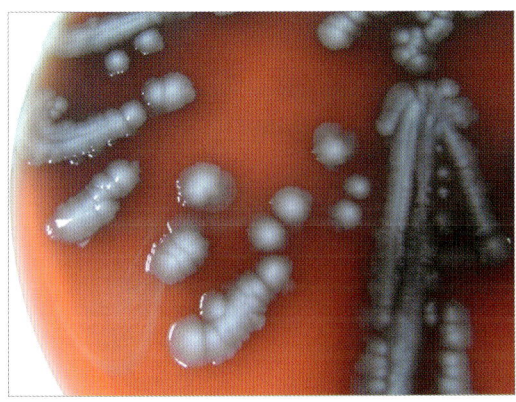
Escherichia coli（EC）
灰色不整形大コロニー

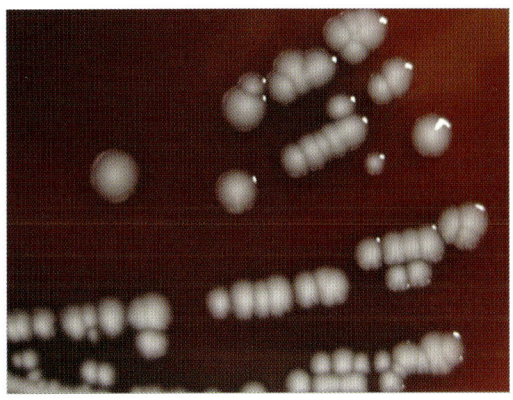
Klebsiella pnemoniae
乳白色スムース型大コロニー，光沢あり

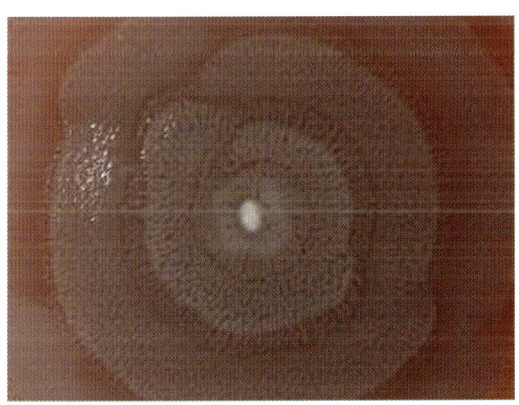
Proteus mirabilis
灰色不整形でスウォーミング（リング状に広がる）を認める

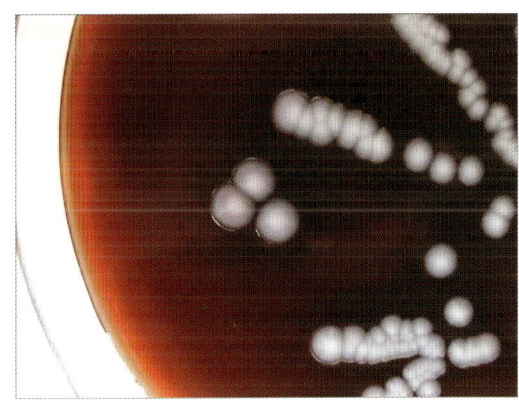
Serattia marcescens
赤色大スムース型コロニー

Pseudomonas aeruginosa（PA）
金属光沢帯，線香臭，不整形大コロニー

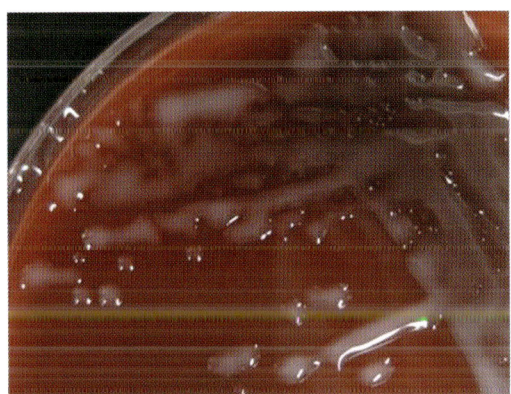
Pasteurella multocida
鼻汁様ムコイド大コロニー，光沢あり，精液臭

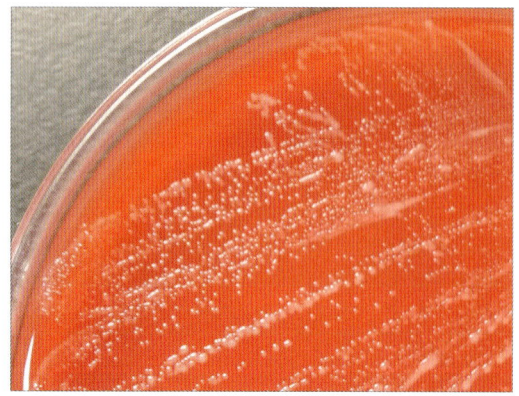

Yeast（酵母様真菌）
乳白色光沢のない小コロニー

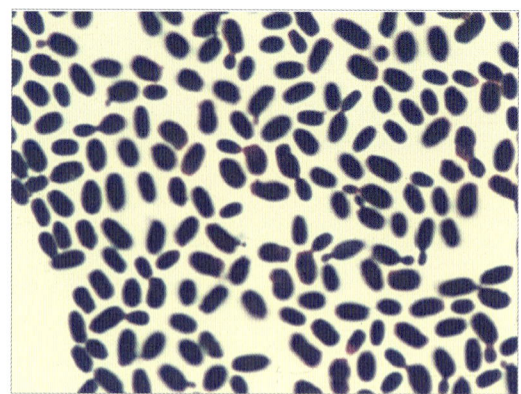

Yeast 鏡検像
グラム陽性，米粒様の大きな菌体を認める

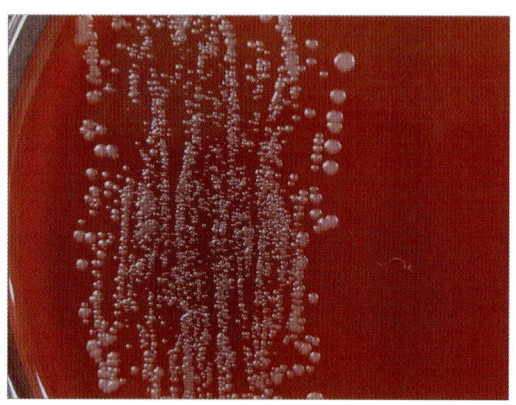

Prototheca zopfii
灰色不整形微小〜小コロニー，光沢なく粉っぽい

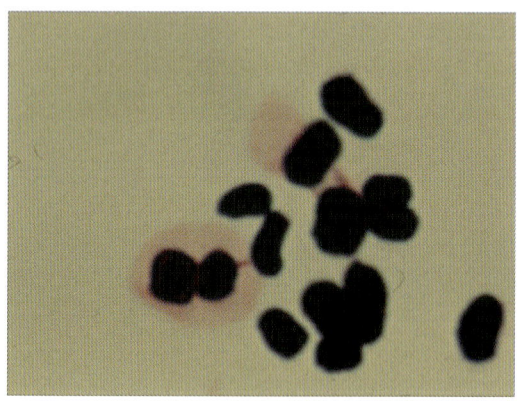

Prototheca zopfii 鏡検像
Yeast の5〜10倍の岩石状の菌体と外殻が観察される

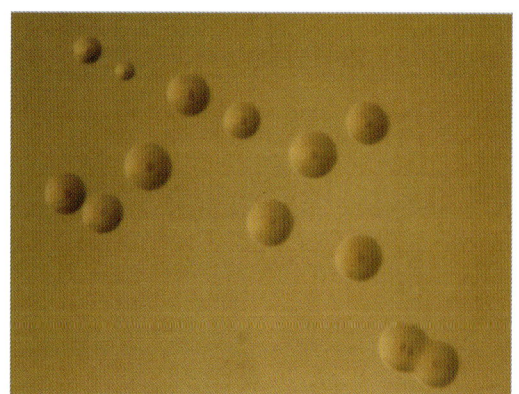

Mycoplasma bovis（MB）
目玉焼き状コロニー

本文参照 p.61　図5-4（つづき）　目で見てわかる乳房炎原因菌のコロニー形態と鏡検像

培 養 前

SAP ブロス→

← SF ブロス

37℃，20～24 時間，好気培養を行う

培 養 後 の 判 定

S. uberis

SAP ブロス（左）が赤色，SF ブロス（右）が紫色なら *S. uberis* と同定

S. equinus

SAP ブロス（左）がピンク，SF ブロス（右）が紫色なら *S. equinus* と同定

Enterococci

SAP ブロス（左）がピンクまたは赤色，SF ブロス（右）が黄色なら Enterococci と同定

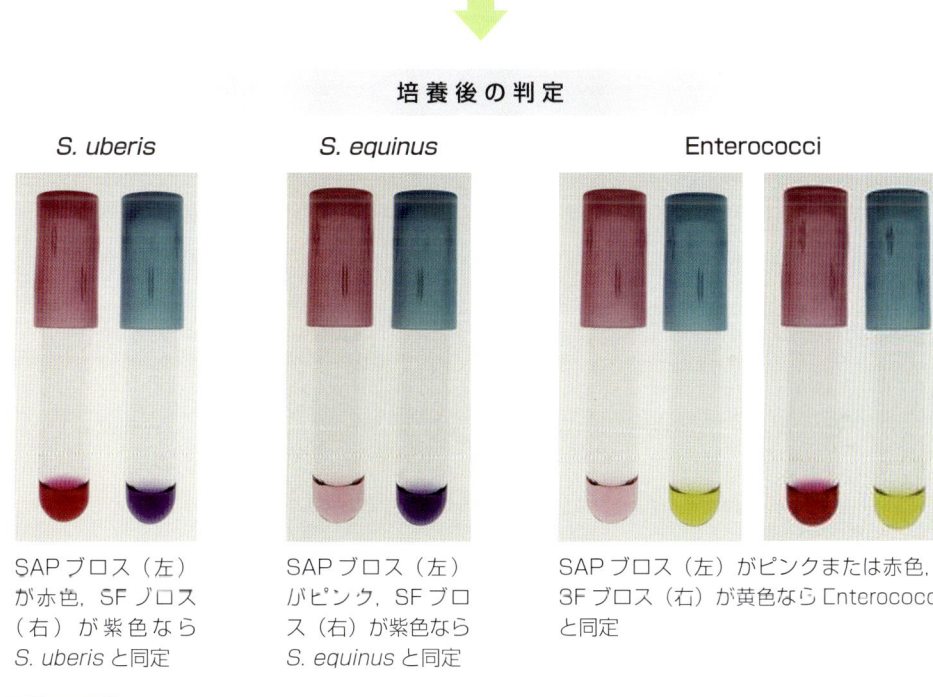

本文参照 p.62 **図 5-5　ストレプト・ウベリス簡易同定キットによる判定**

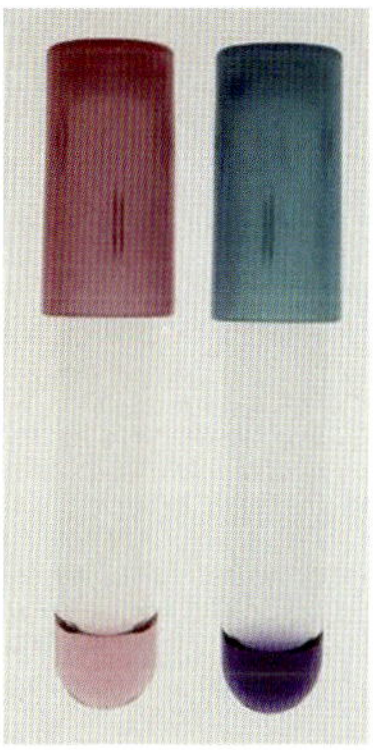

青〜青緑	ピンク〜赤紫
Klebsiella spp.（GNR）	*Escherichia coli*（GNR）

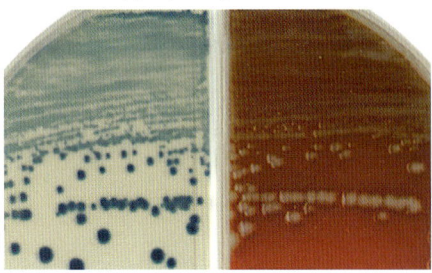

湿潤な大コロニー。血液寒天培地では灰色大コロニー。甚急性では全面的に発育する

コロニーサイズは中〜大。
血液寒天培地での色は灰色

ムコイド状を示すこともある

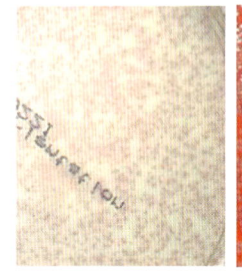 

菌数が多い場合、コロニーサイズは小さい

Streptococci（GPC）

Serratia spp.（GNR）

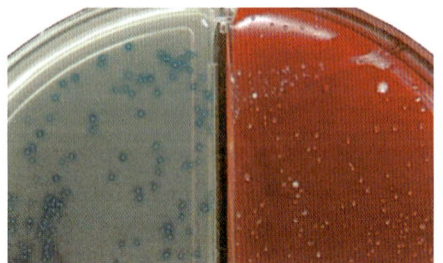

小〜微細コロニー。培地に色素が拡散する。
3割くらいは透明，白，黄色もある

Bacillus spp.（GNR）

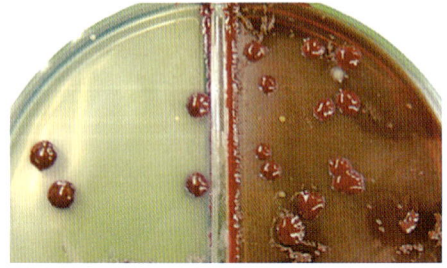

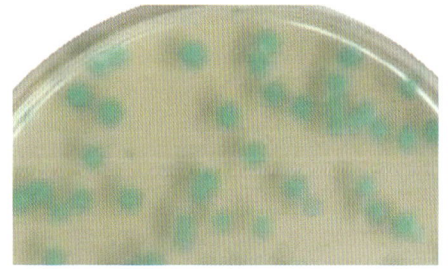

発育が早く，縮毛状の大コロニー。
白色コロニーを形成することもある

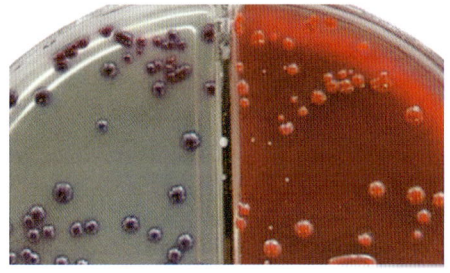

血液寒天培地上で珊瑚色コロニーになることが多いが，色素を産生しない株もある。その場合，簡易同定キットの使用が必要となる

本文参照 p.62　図 5-6　クロモアガーオリエンタシオン／血液寒天分画培地の培養性状

白 色

Streptococci (GPC)

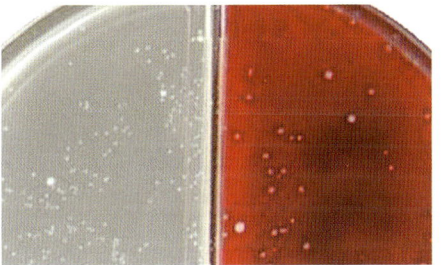

カタラーゼ検査（－），コロニーサイズは小。
血液寒天培地での色は白～灰色

Corynebacterium spp. (GPR)

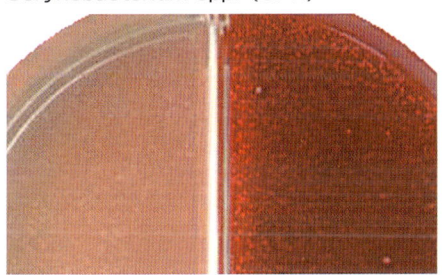

クロモアガーでは発育しないことが多い。カタラーゼ検査（＋），コロニーサイズは微小～小。血液寒天培地での色は透明～白

Yeast

コロニーサイズは小～中。
血液寒天培地での色は白～灰色

Prototheca 属

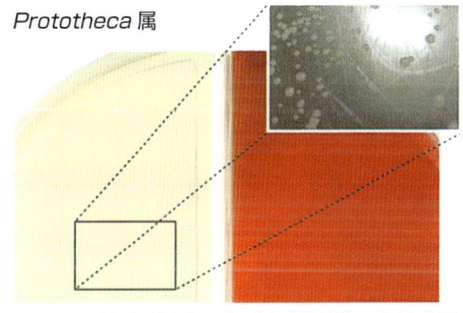

コロニーサイズは小～中（大小不同），血液寒天培地での色は白～灰色。培養には3～5日かかる

透 明

Streptococci (GPC)

コロニーは小さく，色調は透明，灰色～白色。
水色～青色もある

Proteus spp. (GNR)

クロモアガーでは透明～白色を示し，遊走はしないが，血液寒天培地でのコロニーは遊走性がある

本文参照 p.62　図5-6（つづき）　クロモアガーオリエンタシオン／血液寒天分画培地の培養性状

GNR：グラム陰性桿菌
GPC：グラム陽性球菌
GPR：グラム陽性桿菌

出典：千葉県農業共済組合連合会臨床技術研修センター乳房炎対策グループ．クロモアガーオリエンタシオン 色でわかる細菌検査．ミヤリサン製薬㈱，東京．
（筆者改変）

15

略語一覧

■菌名

(略語のアルファベット順)

略　語	英　名	和　名
CB	*Corynebacterium bovis*	コリネバクテリウム・ボビス
CNS	coagulase-negative staphylococci	コアグラーゼ陰性ブドウ球菌
CO	coliforms	大腸菌群
EC	*Escherichia coli*	大腸菌
EF	*Enterococcus faecalis*	エンテロコッカス・フェカーリス
MB	*Mycoplasma bovis*	マイコプラズマ・ボビス
OS	other streptococci	SAG以外のレンサ球菌（環境性レンサ球菌）
PA	*Pseudomonas aeruginosa*	シュードモナス・エルギノーザ（緑膿菌）
SA	*Staphylococcus aureus*	黄色ブドウ球菌
SAG	*Streptococcus agalactiae*	ストレプトコッカス・アガラクティエ （無乳性レンサ球菌）
SD	*Streptococcus dysgalactiae*	ストレプトコッカス・ディスガラクティエ
SU	*Streptococcus uberis*	ストレプトコッカス・ウベリス
TP	*Trueperella pyogenes* (*Arcanobacterium pyogenes*)	ツルペレラ・ピオゲネス
Yeast	yeast	酵母様真菌

■その他

略　語	英　名	和　名
MIC	minimum inhibitory concentration	最小発育阻止濃度
PAE	post-antibiotic effect	血中濃度が消失しても持続してみられる細菌の増殖抑制効果

■抗菌薬

(略語のアルファベット順)

略　語	英　名	和　名
β-lactam（β-ラクタム薬）penicillins（ペニシリン系）			
ABPC	ampicillin	アンピシリン
DMPPC	methicillin	メチシリン
MCIPC	cloxacillin	クロキサシリン
MDIPC	dicloxacillin	ジクロキサシリン
NFPC	nafcillin	ナフシリン
PC	penicillin	ペニシリン
PCG	benzylpenicillin	ベンジルペニシリン
β-lactam（β-ラクタム薬）cephalosporins（セファロスポリン系）			
CEL	cephalonium	セファロニウム
CEPR	cephapirin	セファピリン
CEZ	cefazolin	セファゾリン
CFV	cefovecin	セフォベシン
CPDR-PR	cefpodoxime proxetil	セフポドキシム・プロキセチル
CQN	cefquinome	セフキノム
CTF	ceftiofur	セフチオフル
CXM	cefuroxime	セフロキシム
aminoglycosides（アミノグリコシド系）			
DSM	dihydrostreptomycin	ジヒドロストレプトマイシン
FRM	fradiomycin	フラジオマイシン
GM	gentamicin	ゲンタマイシン
KM	kanamycin	カナマイシン
SM	streptomycin	ストレプトマイシン
macrolides（マクロライド系）			
EM	erythromycin	エリスロマイシン
TS	tylosin	タイロシン
lincosamides（リンコマイシン系）			
LCM	lincomycin	リンコマイシン
PLM	pirlimycin	ピルリマイシン
tetracyclines（テトラサイクリン系）			
OTC	oxytetracycline	オキシテトラサイクリン
quinolones（フルオロキノロン系）			
ERFX	enrofloxacin	エンロフロキサシン
MBFX	marbofloxacin	マルボフロキサシン
OBFX	orbifloxacin	オルビフロキサシン
sulfonamides（サルファ剤）			
SDM	sulfadimethoxine	スルファジメトキシン
antifungals（抗真菌薬）			
NYT	nystatin	ナイスタチン
2,4-diaminopyrimidine（2,4-ジアミノピリミジン系）			
TMP	trimethoprim	トリメトプリム

第1章 乳房炎の概要

Executive Summary

1. 乳房炎とは乳腺に起こる炎症反応であり，その多くは乳腺組織に侵入した微生物により引き起こされる。微生物の菌種と感染経路から，伝染性乳房炎と環境性乳房炎に分類される。
2. 乳房炎による経済損失において，臨床型乳房炎の占める割合は30％程度にとどまり，潜在性乳房炎が70％を占める。経済損失の内訳は主として減乳である。リニアスコア3以上では，初産牛で90 kg，経産牛で180 kgもの産乳量減少が推定されている。
3. 1995～2013年における主要な乳房炎原因菌種に年次ごとの変化は認められず，いずれの年次も環境性レンサ球菌（other streptcocci：OS）が20～30％で推移している。次いで大腸菌群（coliforms：CO），コアグラーゼ陰性ブドウ球菌（coagulase-negative staphylococci：CNS），黄色ブドウ球菌（*Staphylococcus aureus*：SA）の順に高い分離率を示す。
4. 分娩後1週間以内の臨床型乳房炎の発生率は初産牛群が経産牛群より高値を示す。
5. SAの分離率は加齢とともに上昇するのに対し，ストレプトコッカス・ウベリス（*Streptococcus uberis*：SU）の分離率は加齢とともに低下する。
6. CO，CNSおよび酵母様真菌（Yeast）は6～8月にかけて高頻度に検出され10月にかけて低下する。ほかの菌種で季節に伴う顕著な変化は認められない。
7. SAおよびマイコプラズマ・ボビス（*Mycoplasma bovis*：MB）は病原性が非常に強く，生体の免疫応答も特徴的である。効果的な制圧技術の構築においてそれらの詳細な解明が重要である。

Literature Review

1. 乳房炎とは

(1) 乳房炎の定義と病態

乳房炎（mastitis）とは，乳腺に起こる炎症反応であり，乳腺組織に微生物が侵入（感染）することによって引き起される。その原因の多くは細菌であるが，真菌や藻類も原因微生物として同定されている［25, 30］。

炎症は侵入した微生物の排除と乳腺組織の恒常性回復に必要な一連の生体防御反応だが，その過程において乳腺上皮細胞の機能低下や機能不全，さらには細胞死を誘導する場合がある。これらの生体応答は家畜の産乳性を著しく阻害し，酪農場に経済的損失をもたらす［18］。

表 1-1　伝染性乳房炎と環境性乳房炎の主要な原因菌種

	原因微生物	感染源	感染経路	防除対策
伝染性乳房炎	*Staphylococcus aureus*（SA）	感染分房の乳汁，乳頭の傷	搾乳時に手指，乳頭，清拭タオル，ミルカーを介して牛（分房）から牛（分房）へ	適切な搾乳方法，搾乳順位（感染牛は後位），乳頭浸漬，乾乳時治療
	Streptococcus galaciae（SAG）	感染分房の乳汁，乳頭の傷，乳汁	搾乳時に手指，乳頭，清拭タオル，ミルカーを介して牛（分房）から牛（分房）へ	適切な搾乳方法，搾乳順位（感染牛は後位），乳頭浸漬，乾乳時治療
	Mycoplasma bovis（MB），*Mycoplasma californicum*	感染分房の乳汁（一部呼吸器）	搾乳時に手指，乳頭，清拭タオル，ミルカーを介して牛（分房）から牛（分房）へ　一部血行性	隔離，淘汰，導入牛の適正管理，牛群の泌乳衛生管理
環境性乳房炎	other streptococci（OS）	環境（牛床，わら，ふん）感染分房の乳汁	環境から乳頭へ	牛舎内外の衛生環境の整備，乳頭浸漬，乾乳時治療，ミルカー整備
	coliforms（CO）	環境（牛床，わら，ふん）感染分房の乳汁	環境から乳頭へ	牛床および牛舎周辺の整備と管理
	coagulase-negative staphylococci（CNS）	環境（牛床，わら，ふん）感染分房の乳汁　乳房，乳頭に常在	環境から乳頭へ	適正な搾乳方法，衛生管理
	Pseudomonas aeruginosa（PA）	汚染水，環境（牛床，わら，ふん）	環境から乳頭へ	適正な搾乳方法，衛生管理
	Prototheca 属	汚染水，停留水，環境（牛床，わら，ふん）	環境から乳頭へ	牛舎内外の衛生環境の整備

（文献［21］をもとに作成）

微生物の排除において，中心的な役割を担う免疫細胞は好中球である。好中球は，マクロファージやリンパ球などの白血球系細胞や乳腺上皮細胞と緊密に連携しながら，微生物の排除に寄与する［4, 18］。これらの細胞が相互の情報伝達に用いるサイトカインは，その多くが乳腺上皮細胞の機能を抑制し乳汁の合成を阻害する［1, 10］。

また，乳汁は酸素分圧が低く，グルコースを含有しないため，貪食および殺菌過程においてそれらを必要とする好中球は十分に微生物を処理することができない。生体における好中球機能のわずかな低下は，こうした牛の生理学的特性において特に乳腺組織で顕著になる。好中球の機能低下は乳腺組織に対する微生物の定着や積極的な増殖を許容し，産生される毒素などの代謝産物が乳腺上皮細胞における乳汁合成を阻害することで，個体の産乳性を低下させる［18, 25］。

(2) 乳房炎の分類

乳房炎は菌種とその感染経路から，伝染性乳房炎［8］と環境性乳房炎［28］に分類される。主要菌種の原因菌および感染源などを**表 1-1**に示した。

伝染性乳房炎は搾乳者の手指，ミルカーおよび清拭用タオルなどを介して微生物が個体間を伝播するもので，SA，無乳性レンサ球菌

表1-2 体細胞数と乳量損失

リニアスコア	体細胞数（×1,000/mL）	乳量の損失（kg/305日） 初産	乳量の損失（kg/305日） 2産以上
0〜2	〜70		
3	71〜	−90	−180
4	142〜	−180	−360
5	283〜	−270	−540
6	566〜	−360	−720
7	1,132〜2,262	−450	−900

（文献［14］をもとに作成）

（Streptococcus agalactiae：SAG）および Mycoplasma spp. が主要菌種として分類される。伝染性乳房炎は明確な臨床症状を示さない（潜在性乳房炎）症例も多く，その摘発には細菌培養などの積極的な検査が重要である［8］。

環境性乳房炎は汚染された牛床や敷料に乳頭が接触することで微生物が環境を介して感染するものであり，OS, CO, CNS, 緑膿菌（Pseudomonas aeruginosa：PA），Prototheca spp., Yeast などが主要菌種として分類されている。環境性乳房炎は乳房局所または全身性の臨床症状を誘導し，難治性に移行する場合もある。一方，CNS では明確な臨床症状を認めない症例も多い［28］。

(3) 乳房炎による経済損失

乳房炎による経済損失において臨床型乳房炎の占める割合は30％程度にとどまり，内訳として，死亡および淘汰による損失が14％，治療費（薬物・獣医師）や治療に伴う生乳の廃棄が16％を占める［6, 20］。さらに，乳房炎によって新たに発生する労働（乳房炎牛の管理）費もこれらに算入される。

一方で，潜在性乳房炎の経済損失は全体の70％を占め，内訳は主として乳量の損失である。産乳量の減少については乳汁体細胞数との関連性が明らかにされている。例として，リニアスコア（体細胞数を対数変換したもので牛群検定などに広く用いられている表記法）3以上では初産牛で90 kg，経産牛で180 kgもの産乳量減少が推定されている［6, 14, 20］（表1-2）。

2. 乳房炎の疫学

(1) 発生状況

2013年度の家畜共済統計によると，病傷事故（乳牛雌など，139万6853頭）において乳房炎を含む泌乳器疾患の発生件数は43万678頭とほかの疾病に比較し際立って多い。この傾向は以前から続くものであり，当概年度の統計でも全体の約30.8％に及ぶ。同年の死廃事故頭数（総数15万8535頭）でも乳房炎が1万2023頭（7.6％）を占めており，その他の病傷事故同様，長年にわたり解決すべき重要な課題として位置づけられている［23］。

(2) 菌種

1995〜2013年における主要な乳房炎原因菌種について図1-1に示した。年次ごとの大きな変化は認められず，いずれの年次も未検出が約25％で推移している。次いで OS, CNS, SA および CO の順に高い分離率が認められる。

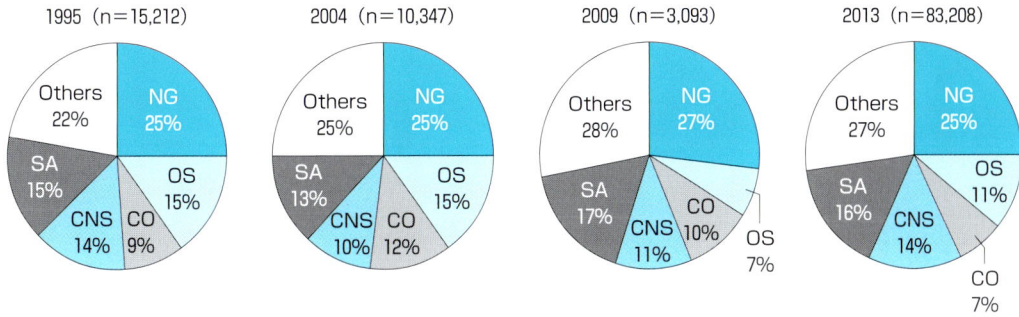

NG：未検出 (no growth)　　CNS：coagulase-negative staphylococci
OS：other streptococci　　SA：*Staphylococcus aureus*
CO：coliforms　　　　　　　Others：その他の細菌

図 1-1　原因菌種別発生割合の年次推移　　　　　（十勝 NOSAI 提供）

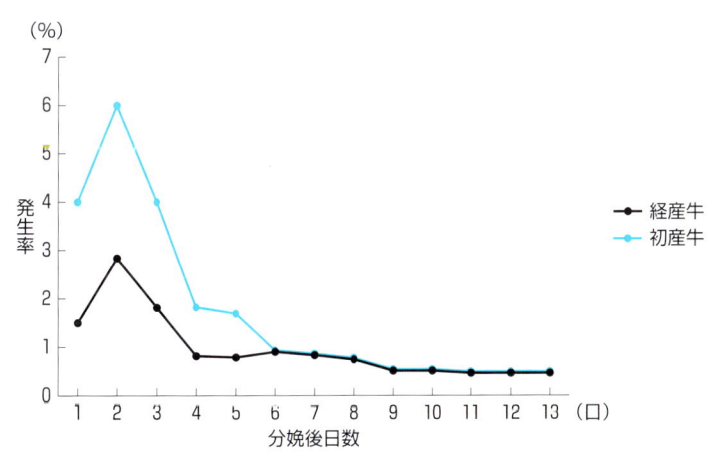

図 1-2　分娩後日数と臨床型乳房炎の発生率
（文献 [5] をもとに作成）

(3) 乳期

1) 泌乳期

図 1-2 は分娩後日数別に臨床型乳房炎の罹患率を初産牛群と経産牛群で調査した結果である。全体として分娩後2日をピークに分娩後4日程度まで高値で推移すること、また全体として未経産牛群において発生率が高いことが明らかになっている。これは、分娩に関連するホルモンの誘導や、栄養学的要因によって、分娩前

4週～分娩後4週まで好中球機能およびリンパ球機能が顕著に低下することに起因すると考えられている。

また、初産牛は初めての分娩を経験するため、ストレスの影響も強く発現し、免疫細胞の機能抑制が乳房炎罹患の一因とされている [5]。河合らは分娩後2カ月間において臨床型乳房炎から分離された1万5196株について、その主要菌種を報告している（**図 1-3**）。各菌種の分離率は、OS：30.2％、CO：20.4％、CNS：

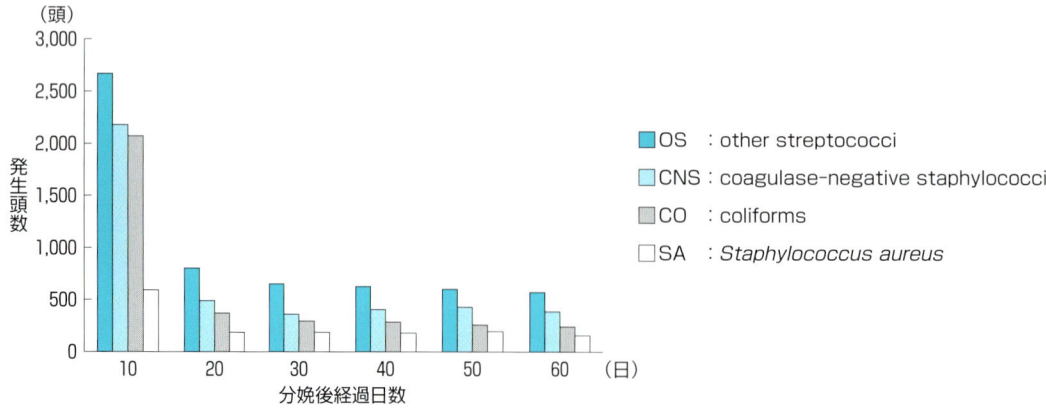

図1-3 分娩後経過日数別乳房炎発生頭数
n=15,196株（十勝NOSAI，2013年）

19.6％，SA：12.6％を示し，生産現場において環境性乳房炎が大きな問題として顕在化していることが示された。

分娩後10日間は全体的に分離率が高く，特にOS，CNS，COは5〜7％と高値を示す。これらは，分娩後日数の経過とともに減少し，特に分娩後11日以降では各菌種とも，ほぼ一定の数値で推移することが明らかになっている。

2）乾乳期

乾乳期は乳腺組織に免疫学的，生理学的および解剖学的変化をもたらす。乾乳後3週間は乳腺が乳汁の合成を停止し，乳腺組織が退縮する時期である。また，分娩直前は乳腺組織の再構築が完了し，本格的な泌乳が開始される時期である。これらの時期は乳腺分泌液中の白血球数および白血球機能が低下するため，微生物に対する乳腺の感受性が高まり，新規の乳腺感染が引き起こされる［4, 18］。

特に乾乳期には，環境性乳房炎原因菌による新規感染が起こりやすい。分娩時に臨床型乳房炎牛から分離されるOSは，約3分の1の症例で乾乳前期に確認されている。また，臨床型の大腸菌性乳房炎では，分娩後100日以内に発生する症例の52％は乾乳期における感染に由来することが報告されている。乾乳期間の新規感染は泌乳期に比較して数倍高く，年間乳量は35％程度低下することが明らかになっている［14］。

(4) 年齢（産次数）

図1-4は臨床型乳房炎から分離された原因菌種を年齢別に示した結果である。SUの分離率は2〜6歳齢にかけて20％近く低下し，これらの推移はCNSと同様であった。

一方で，SAは加齢とともに分離率が上昇し，8歳齢で最高値を示す。これは明確な臨床症状を示さない個体の摘発が遅れ，潜在性乳房炎として経過するため，高産次牛での発生率が蓄積するものと考えられている［11］。

(5) 季節

日本において臨床型乳房炎から得られた5万9007株を月別に分類したところ，CO，CNS，Yeastは6〜8月にかけて高頻度に検出され，10月にかけて低下することが明らかになった（図1-5）。これらはいずれも環境性乳房炎の原因菌種であり，環境温度および湿度が上昇する

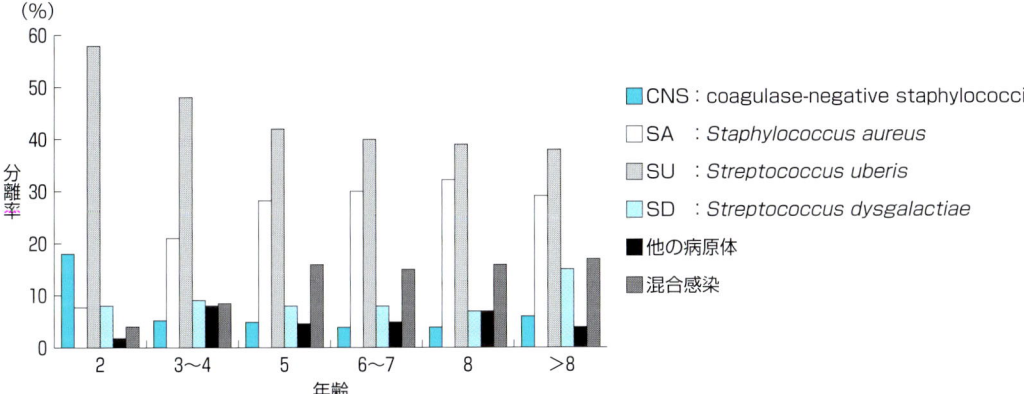

図 1-4　各年齢における臨床型乳房炎の主要な原因菌種

(文献 [5] をもとに作成)

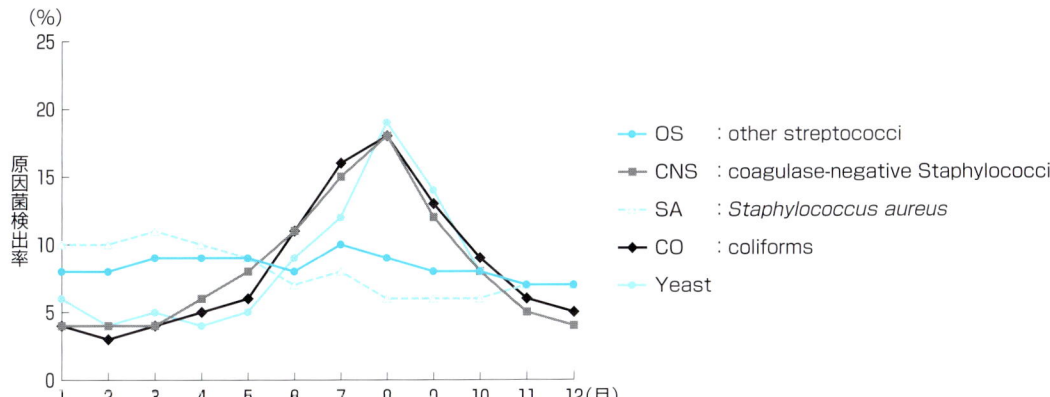

図 1-5　臨床型乳房炎菌種の季節変動
n＝59,007 株（十勝 NOSAI，2013 年）

時期に畜舎環境で急激に増殖するためと考えられる。一方，この時期は暑熱ストレスによって免疫機能が強く抑制される時期でもあり，乳腺組織において乳房炎原因菌の排除が困難となる。

これに対し，SA は年間を通して特に大きな変化は認められない。

3. 近年問題となっている乳房炎原因菌種の特徴

(1) 黄色ブドウ球菌

黄色ブドウ球菌（SA）は伝染性乳房炎の主要な原因菌種である。多くは潜在性乳房炎に罹患した乳房（乳汁）より分離される。臨床型乳房炎の原因微生物としては8%を占めるにとど

まるが，一方で農場のバルクタンクミルクのスクリーニングでは60〜70％と高い汚染率を示す。2012年にカナダで無作為に抽出された117農場を対象に月1回，3カ月にわたって実施されたサンプリング調査では，SA：84.6％，SAG：7.7％，*Mycoplasma* spp.：2.6％であり[9]，日本と同様の傾向を示している。興味深い知見として，20年以上前（1992年）にカナダで実施された調査でもSAは93.4％を示しており，SAを排除することの難しさが指摘されている。一方で，SAGは1992年に43％を示しておりその数値は大きく減少している[9]。

SAは体表面からも広く分離されるが，これらと乳房内感染を引き起こしたSAの型はごく一部しか一致しない。しかし，乳頭皮膚との関連性は高く，乳頭皮膚にSAの定着が認められた個体では，そうでない個体に比較し，乳腺感染の危険性が3倍以上増加した。SAは感染乳汁が搾乳器具や作業者の手指を介して感染拡大するほか，乳頭皮膚，または乳頭皮膚表面に形成された微細な傷に定着したSAも，乳腺感染に深く関与する[26, 27]。

農場におけるSAの制圧が困難である理由として，SAの6つの微生物学的特性が挙げられる。

①好中球は抗体が結合（オプソニン化）したSAを，膜表面のFc受容体を介して認識し貪食する。しかし，SAの細胞壁成分であるプロテインAは抗体のFc領域と結合するため，好中球による認識が阻害される[28]。
②白血球に貪食されたSAは殺菌作用を逃れ，白血球内での長期生存が可能である。
③SAは乳腺組織に微小膿瘍を形成し，さらにバイオフィルムの生成により自身の定着環境を維持する。バイオフィルムはムコ多糖などによって形成されるが，これらは抗菌性物質が菌に直接作用する過程を物理的に阻害するとともに，好中球による認識を回避する[29]。
④SAはエンテロトキシンを分泌する。エンテロトキシンはスーパー抗原として免疫を撹乱するため，微生物の排除に必要な免疫応答を誘導することが困難になる[7]。
⑤SAは感染初期や慢性感染のステージでは排菌量が少なく，体細胞（白血球）が誘導されにくい。
⑥ケラチンプラグでも増殖が可能である[22]。

日本でもSAの浸潤率は高値で推移しており，効果的な摘発技術の構築が望まれる。国内では，従来の検出法に増菌培養技術を付加した方法も確立されており，個体乳やバルクタンクミルクに含まれるSAがわずかな菌量であっても，効果的に摘発することが可能になった。こうした技術が今後，生産現場における効果的なSA感染牛の摘発に応用されることが期待される。

SAによる乳房炎の治療において，その治癒率は40〜70％程度であるが，泌乳期治療では治癒率はさらに低下する[22]。いずれも，SAの感染期間，感染分房の数，治療薬剤および治療期間に影響される。そのため，感染個体の早期摘発および隔離，搾乳順番の変更，ポストディッピング（搾乳後に乳頭を薬剤で浸漬することで，一定時間乳頭からの病原微生物の侵入を防ぐ）といった予防技術によって，農場内の感染拡大を抑えることが重要になる。

(2) マイコプラズマ属菌

Mycoplasma spp.の浸潤状況については，主としてバルクタンクミルクスクリーニングによって調査されている。近年の状況として，ヨーロッパ（デンマーク）では，2011年に3,921農場を対象に広域調査が実施されている。その結果，*Mycoplasma* spp.は399農場（10.2％）で分離され，そのうちマイコプラズマ・ボビス（MB）は69農場（1.8％）で確認されている[16]。

米国で2001〜2012年に22地域の5万517農場を対象に実施した調査において，MBが5,292

農場（10.48％）で確認された。各地域の浸潤率は0～75.0％であり地域差が大きい。全体の推移として減少傾向にあると解釈されているが，依然として高い浸潤率を示している［16］。

日本では2010年に1,241酪農場を対象に詳細なバルクタンクミルクスクリーニングが実施され，16農場（1.29％）で*Mycoplasma* spp. の存在が確認された。各菌種の検出率はMB：0.56％，*M. californicum*：0.24％，*M. canadense*：0.24％，*M. bovigenitalium*：0.08％，*M. arginini*：0.16％，*M. alkalescems*：0.08％，*M. bovirhinis*：0.08％であった。2012年の調査では，感染分房のうち89％が単一菌種による感染であったのに対し，11％は複数の*Mycoplasma* spp. による混合感染であった。これらの調査において，最も高率に分離されたのはMBであり，次いで*M. californicum*および*M. bovigenitalium*であった［11, 12］。

マイコプラズマ乳房炎は乳腺組織に*Mycoplasma* spp. が侵入することによって引き起こされるが，主な感染経路は感染乳汁である［15］。感染分房では10^5～10^9 CFU/mLの排菌が認められており，これらが搾乳器具を介し感染が拡大する［15］。また，*Mycoplasma* spp. は子牛の鼻腔内にも広く定着しているため［2］，感染鼻汁が作業者の衣服や手指を介して乳頭口から侵入することもリスクとして認識しなければならない。さらに，近年では幼若期に扁桃に定着した*Mycoplasma* spp. が乳腺まで体内移行し，感染が成立するとの指摘もあり，感染経路が極めて複雑多岐にわたる可能性が推察されている。

Mycoplasma spp. の組織定着性が高い理由については，①抗原変異（variable surface lipoprotein）による免疫回避［24］，②バイオフィルムの形成により白血球や薬物の作用を物理的に抑制する［19］，③免疫抑制作用を有する［3］などが挙げられている。こうした作用によって，*Mycoplasma* spp. は，SAや大腸菌（*Escherichia coli*：EC）感染に比較し，白血球の誘導に時間を要し，引き起こされる反応性も低い。

Mycoplasma spp. の検出には培養法とPCR法が用いられる。培養法では，乳汁を液体培地で72時間，増菌培養した後，その一部を平板培地に接種し37℃で1カ月培養を行う。実体顕微鏡下で目玉焼き状のコロニーが観察された場合，コレステロールの要求性を確認するジギトニン検査を実施して確定する。一方，PCR法は前述の増菌培養液を試料として行う遺伝子検査法である［13］。検査資材に若干の費用がかかるものの，迅速性および正確性において十分な検査精度を有する［13］。特にメガファームでは感染拡大が早いため，PCR法による迅速診断は，農場の早期清浄化対策を実施する上において非常に有効であると考えられる。

マイコプラズマ乳房炎の治療にはオキシテトラサイクリンによる局所治療とフルオロキノロン系製剤による全身治療の実施が一般的であるが，その効果について十分な学術知見は得られていない。乳房炎由来MBの薬剤感受性について河合ら［17］は，フルオロキノロン系薬およびピルリマイシンに対し高い感受性を有することを示している。今後，これらの情報が臨床技術の構築に応用されることが強く期待される。

最大の予防技術は感染個体の早期摘発と，搾乳作業による感染拡大の抑止である。そのためには，①日常的なバルクスクリーニングによる牛群監視，②高体細胞牛または乳房炎牛の積極的な*Mycoplasma* spp. 検査，③着地検査の実施などがある。子牛の呼吸器疾患の制圧もマイコプラズマ乳房炎の防除技術構築において重要な位置づけであると考えられている［11, 12］。

References

[1] Bannerman, D. D. 2009. Pathogen-dependent induction of cytokines and other soluble inflammatory mediators during intramammary infection of dairy cows. *J. Anim. Sci.* **87**: 10-25. doi: 10.2527/jas.2008-1187

[2] Bennet, R. H. and Jasper, D. E. 1977. Nasal prevalence of *Mycoplasma bovis* and IHA titers in young dairy animals. *Coenell Vet.* **67**: 361-73.

[3] Bennett, R. H. and Jasper, D. E. 1978. Bovine mycoplasmal mastitis from intramammary inoculations of small numbers of *Mycoplasma bovis*: Microbiology and pathology. *Vet. Microbiol.* **2**: 341-355.

[4] Craven, N. 1983. Generation of neutrophil chemoattractants by phagocytosing bovine mammary macrophages. *Res. Vet. Sci.* **35**: 310-317.

[5] De Vliegher, S., Fox, L. K., Piepers, S., McDougall, S. and Barkema, H. W. 2012. Mastitis in dairy heifers: nature of the disease, potential impact, prevention, and control. *J. Dairy Sci.* **95**: 1025-1040. doi: 10.3168/jds.2010-4074

[6] DeGraves, F. J. and Fetrow, J. 1993. Economics of mastitis and mastitis control. *Vet. Clin. North. Am. Food Anim. Pract.* **9**: 421-434.

[7] Fijałkowski, K., Struk, M., Karakulska, J., Paszkowska, A., Giedrys-Kalemba, S., Masiuk, H., Czernomysy-Furowicz, D. and Nawrotek, P. 2014. Comparative analysis of superantigen genes in *Staphylococcus xylosus* and *Staphylococcus aureus* isolates collected from a single mammary quarter of cows with mastitis. *J. Microbiol.* **52**: 366-372. doi: 10.1007/s12275-014-3436-2

[8] Fox, L. K. and Gay, J. M. 1993. Contagious mastitis. *Vet. Clin. North Am. Food Anim. Pract.* **9**: 475-487.

[9] Francoz, D., Bergeron, L., Nadeau, M. and Beauchamp, G. 2012. Prevalence of contagious mastitis pathogens in bulk tank milk in Québec. *Can. Vet. J.* **53**: 1071-1078.

[10] Fu, Y., Zhou, E., Liu, Z., Li, F., Liang, D., Liu, B., Song, X., Zhao, F., Fen, X., Li, D., Cao, Y., Zhang, X., Zhang, N. and Yang, Z. 2013. *Staphylococcus aureus* and *Escherichia coli* elicit different innate immune responses from bovine mammary epithelial cells. *Vet. Immunol. Immunopathol.* **155**: 245-52. doi: 10.1016/j.vetimm.2013.08.003

[11] Higuchi, H., Gondaira, S., Iwano, H., Hirose, K., Nakajima, K., Kawai, K., Hagiwara, K., Tamura, Y. and Nagahata, H. 2013. *Mycoplasma* species isolated from intramammary infection of Japanese dairy cows. *Vet. Rec.* **172**: 557. doi: 10.1136/vr.101228

[12] Higuchi, H., Iwano, H., Kawai, K., Gondaira, T. and Nagahata, H. 2011. Prevalence of *Mycoplasma* species in bulk tank milk in Japan. *Vet. Rec.* **169**: 442 doi: 10.1136/vr.d5331

[13] Higuchi, H., Iwano, H., Kawai, K., Ohta, T., Obayashi, T., Hirose, K., Ito, N., Yokota, H., Tamura, Y. and Nagahata, H. 2011. A simplified PCR assay for fast and easy screening of *Mycoplasma* mastitis of dairy cattle. *J. Vet. Sci.* **12**: 191-193. doi: 10.4142/jvs.2011.12.2.191

[14] Hogan, J. S., Gonzalez, R. N. and Harmon, R. J. Laboratory handbook on bovine mastitis. National Mastitis Council.

[15] Jasper, D. E. Bovine mycoplasma mastitis. 1981. Advance in veterinary science and comparative medicine. Academic Press; p121-159.

[16] Kathoon, J. 2012. Surveillance of *Mycoplasma bovis* and *Mycoplasma* spp by real time PCR in bulk tank milk sample from all Danish dairy herds in 2011. Proceeding of World Buiatrics Congress. pp39.

[17] Kawai, K., Higuchi, H., Iwano, H., Iwakuma, A., Onda, K., Sato, R., Hayashi, T., Nagahata, H. and Oshida, T. 2014. Antimicrobial susceptibilities of *Mycoplasma* isolated from bovine mastitis in Japan. *Anim. Sci. J.* **85**: 96-99. doi: 10.1111/asj.12144

[18] Kehrli, M. E. Jr. and Harp, J. A. 2001. Immunity in the mammary gland. *Vet. Clin. North Am. Food Anim. Pract.* **17**: 495-516.

[19] Kirk, J. H., Glenn, K., Ruiz, L. and Smith, E. 1997. Epidemiologic analysis of *Mycoplasma* spp. isolated from bulk-tank milk samples obtained from dairy herds that were members of a milk cooperative. *J. Am. Vet. Med. Assoc.* **211**: 1036-8.

[20] Morin, D. E., Petersen, G. C., Whitmore, H. L., Hungerford, L. L. and Hinton, R. A. 1993. Economic analysis of a mastitis monitoring and control program in four dairy herds. *J. Am. Vet. Med. Assoc.* **202**: 540-548.

[21] 永幡肇. 2013. 乳生産衛生. 獣医衛生学. （岩田祐之，押田敏雄，酒井健夫，高井伸二，局博一，永幡肇編），文永堂出版. pp175-182.

[22] Nickerson, S. C. 2009. Control of heifer mastitis: antimicrobial treatment-an overview. *Vet. Microbiol.* **134**: 128-135. doi: 10.1016/j.vetmic.2008.09.019

[23] 農林水産省. 2013. 病傷事故. *In*：平成25年度家畜共済統計.

[24] Nussbaum, S., Lysnyansky, I., Sachse, K., Levisohn, S. and Yogev, D. 2002. Extended repertoire of genes encoding variable surface lipoproteins in *Mycoplasma bovis* strains. *Infect. Immun.* **70**: 2220-2225. doi: 10.1128/IAI.70.4.2220-2225.2002

[25] Oliver, S. P. and Sordillo, L. M. 1988. Udder health in the periparturient period. *J. Dairy Sci.* **71**: 2584-2606. doi: 10.3168/jds.S0022-0302(88)79847-1

[26] Owen, W. E., Ray, C. H., Boddie, R. L. and Nickerson, S. C. 1997. Efficacy of sequential intramammary antibiotics treatment against *Staphylococcus* intramammary infection. *Large Anim. Pract.* **18**: 10-14.

[27] Roberson, J. R., Fox, L. K., Hancock, D. D., Gay, J. M. and Besser, T. E. 1998. Sources of intramammary infections from *Staphylococcus aureus* in dairy heifers at first parturition. *J. Dairy Sci.* **81**: 687-693. doi: 10.3168/jds.S0022-0302(98)75624-3

[28] Smith, K. L. and Hogan, J. S. Environmental mastitis. 1993. *Vet. Clin. North Am. Food Anim. Pract.* **9**: 489-498.

[29] Xue, T., Chen, X. and Shang, F. 2014. Effects of lactose and milk on the expression of biofilm-associated genes in *Staphylococcus aureus* strains isolated from a dairy cow with mastitis. 2014. *J. Dairy Sci.* **97**: 6129-6134. doi: 10.3168/jds.2014-8344. doi: 10.3168/jds.2014-8344

[30] Zhao, X. and Lacasse, P. 2007. Mammary tissue damage during bovine mastitis: causes and control. *J. Anim. Sci.* **86**: 57-65.

第2章 牛の抗病性と乳房炎の発生要因

Executive Summary

1. 乳房炎の発生要因は，牛を取り巻く環境，気候，牛体管理，搾乳衛生，搾乳システム，遺伝など多岐にわたるため，乳房炎防除を行うには要因となり得るこれらの多くの事項に広く目を向け，総合的に判断・思考しなければならない。
2. 乳房炎防除を実現するための重要事項は，牛を健康に飼養するための飼養管理と，牛を清潔で乾燥した環境下で飼養することである。
3. 推奨される搾乳衛生の重複実施・未実施と体細胞数の間には負の相関がある。
4. 臨床型乳房炎の発生における原因菌の季節変動は，原因菌の特徴に深く関係する。
5. バルク乳の細菌培養では，搾乳中の乳頭の拭き取りが悪いとコアグラーゼ陰性ブドウ球菌（coagulase-negative staphylococci：CNS）が増え，牛群に慢性乳房炎が増えると環境性レンサ球菌（other streptcocci：OS）が増える。
6. 泌乳期の乳房炎のうち2割は，分娩後10日以内に発生する。
7. 乾乳期において新規感染率が高い時期は，乾乳後2週間と分娩前2週間である。
8. 乳頭管にはケラチン層，その奥にはフルステンベルグのロゼットがあり，外界からの微生物の侵入リスクを抑制している。
9. 搾乳で最も大切なことは，泌乳生理に合った搾乳をすることである。そのポイントは，1乳頭4回以上の強い前搾り刺激，前搾りからライナー装着までの時間を60～90秒にすること，装着後5～6分で離脱することである。
10. 搾乳システムの不調は乳房炎発生に大きく影響する。特に調圧器やパルセーターの不調は，乳頭先端を損傷し，感染リスクを高める。

Literature Review

牛の乳房炎は酪農経済に多大な損失を与える疾病であり，その発生は依然減少傾向にはないのが現状である。日本の酪農は江戸時代，千葉県の嶺岡牧（みねおかまき）に発祥するといわれているが，生乳の生産が開始され牛乳として庶民に流通するようになったのは1863年，横浜での生産が最初である。国内での乳房炎の歴史は定かではないが，おそらくそのころからすでに存在していたに違いない。当時は手搾りによる搾乳であったが，1960年代からは機械搾乳となり，バケッ

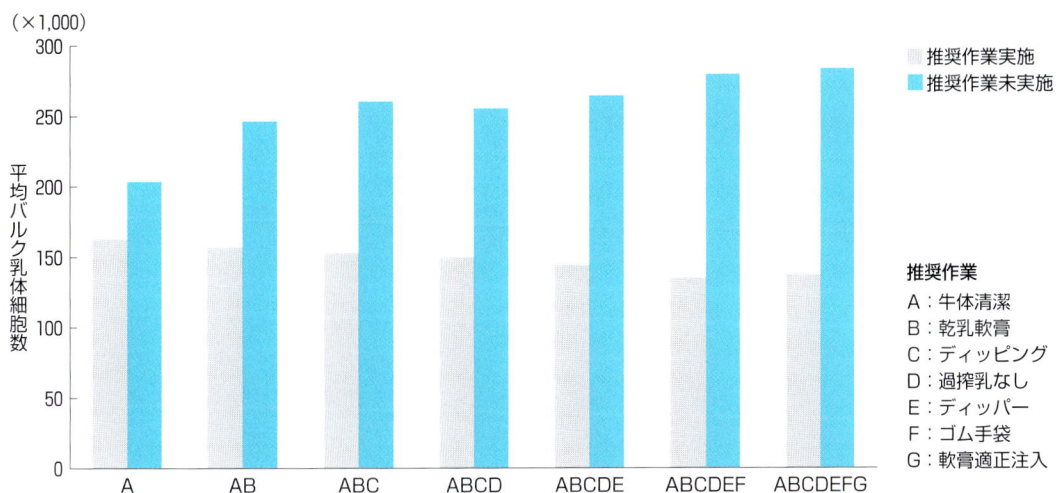

図 2-1　搾乳衛生上推奨される作業の同時実施，未実施と体細胞数

トミルカーで搾乳するようになった。その後多くの酪農家はパイプライン牛舎となり，近年では多頭飼育により搾乳形態もパーラーシステムやロボット搾乳へと変化してきている。

　機械搾乳は牛にストレスを与える。それは，未経産牛や自然に子牛によって吸引されている子付き和牛の乳頭が滑らかで，軟らかくきれいな乳頭であるのに対し，機械搾乳をしている乳牛の乳頭は，産歴を重ねるごとに乳頭端が傷み，障害が増加していることが裏付けている。しかし，酪農家1戸で数頭だけ飼養し手搾りしていた昔とは違い，多頭数を短時間に搾乳しなければならない現代においては，機械搾乳はなくてはならない手段である。つまり，いかに乳頭にストレスを与えないような搾乳をするかが重要となる。

　乳房炎の原因は，実際は複数の要因が原因となっている場合が多い。したがって，ひとつの牛群の問題を解決するためには，これまで述べたような原因となり得る多くの要因に，広く目を向けていく必要がある。

　例えば，搾乳手順や細菌検査の結果ばかりを分析し，それで問題が解決したような気持ちになってはいないだろうか。本当にそれだけが原因であればよいが，大抵は搾乳システムや牛舎環境，乾乳牛の管理などに問題が及ぶことが多い。したがって，乳房炎の最善の解決手法は，いかに多くの原因を洗い出し，総合的に解決していくかなのである。そのためには，搾乳システムや牛舎構造についてもメーカーや施工業者に任せきりではなく，獣医師が基本的な知識を身に付け，自ら分析して助言できる能力が必要である。

1. 牛を取り巻く環境要因と乳房炎

　乳房炎の発生要因を考える上で，最初に考えなければいけないのは牛を取り巻く環境である。十勝乳房炎協議会（1995年）が多変量解析を用いて酪農家のデータを分析した結果では，体細胞数に最も影響を与える要因は牛体の清潔度であると結論付けられた。さらに，推奨される複数の作業を実施することで，効果的に体細胞数を低減できることを証明した（図2-1）[8]。この牛体の清潔度に大きくかかわる環境要因とは，気候の変化，牛群の規模，牛舎構

造，牛体管理，搾乳衛生，乾乳期の管理などであることは言うまでもない。

(1) 気候の変化と乳房炎

気候と乳房炎発生の関係については，十勝乳房炎協議会（1994年）が十勝管内の臨床型乳房炎の発生状況について行った調査および十勝NOSAI（2013年）が行った調査（第1章，図1-5）で具体的な要因が指摘されている［10, 11］。これによると，夏期に大腸菌群（coliforms：CO），CNS，酵母様真菌（Yeast）などによる環境性乳房炎の顕著な増加が認められた原因として，牛体衛生・環境衛生の増悪や暑熱のストレスによる抗病性の低下などが関係しているであろうと報告されている。また，OSによる乳房炎は乾乳期の新規感染が主な問題であり，黄色ブドウ球菌（*Staphylococcus aureus*：SA）による乳房炎は主に乳頭損傷や搾乳時の感染に影響を受けることから，季節による変動は小さいとも報告している。

これらのことから，乾乳期の新規感染を低減し，夏期の環境性乳房炎の増加を少しでも抑えることができれば，乳房炎全体の発生率が大きく低減させることが可能であると考えられる。

(2) 牛群の規模と乳房炎

牛群の規模が変化すると，必然的に牛舎構造も変化してくる。例えば，小〜中規模の牛群にみられる繋ぎ牛舎においては，繋ぎ形式がスタンチョンかタイストールか，換気システムが正しく機能しているか，牛床の長さが適正か，敷料の種類と使用量，また運動場（パドック）の水はけや整備などが影響すると思われる。また，大規模牛群でみられるフリーストールにおいては，施設に対して牛の頭数が過密になっていないか，ストールの基本設計がうまくいっているか，敷料の種類と使用量，換気システムが正しく機能しているか，通路が滑りやすい設計になっていないかなどが影響する。よって，牛群の規模，施設の形態により，それにあった助言が必要となる。快適な牛舎環境は牛のストレスの低減につながり，ひいては乳房炎への抵抗性を増強することにつながる。

(3) 牛体管理と乳房炎

牛体管理では，特に定期的な削蹄が重要である。過長蹄は乳頭損傷の機会を増加させ，乳房炎発生のリスクを増加させる。阿部ら（1999年）は尾および後肢が乳房を汚染する度合を実験的に証明し，報告している［1］。これによると，尾は立位の際に牛の臀部から乳鏡，乳房の側面を汚染するだけでなく，伏臥するときに牛は尾を乳房に巻き込む性質があることから，乳頭も汚染することが示されている。

また，後肢の蹄から中足に汚染が波及するほど乳房底面，乳頭への汚染は増加することを示した（図2-2，2-3）。特に四肢の汚れは，前述のパドックなどの管理に深く関係している。汚泥で汚れた牛はいかに乳房炎発生のリスクが高いか，容易に想像できよう。

(4) 搾乳衛生と乳房炎

環境性乳房炎は搾乳衛生と強く関係する。搾乳作業の中で乳頭の衛生状態に関係する部分は，乳頭の清拭と乳頭の乾燥である。

乳頭の清拭では，残留防止のため搾乳前の使用が認められた殺菌剤に浸したタオルで乳頭側面とさらに乳頭先端をよく清拭することが重要であり，ライナー装着前の乳頭が清潔な状態になっていることが，その後の乳頭内の微生物の保菌状態に大きく関わってくる。特にこの点はCNSについて顕著であり，乳頭清拭状態の悪い農家における指導前後のバルク乳および全頭全分房から採材した乳汁の細菌培養結果を比較すると，その効果が明確に現れている（図2-4）。

また，乳頭清拭後のペーパータオルを使った乳頭乾燥は，搾乳中のライナースリップを防止するための重要な作業である。ライナースリッ

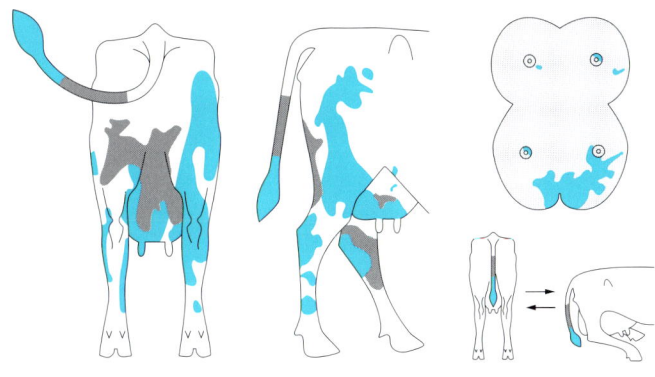

図 2-2　尾の汚れが乳房周辺に与える影響

(文献 [1] をもとに作成)

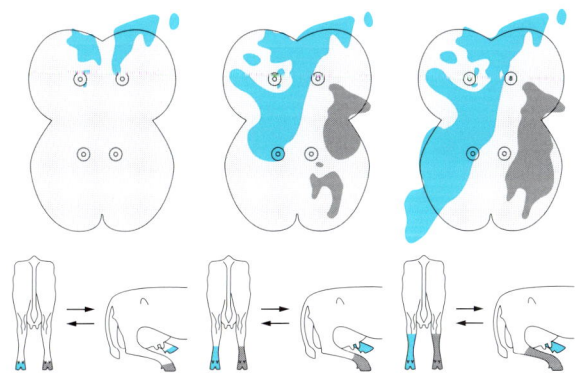

汚染領域：0〜10 cm　　汚染領域：0〜30 cm　　汚染領域：0〜50 cm

図 2-3　後肢の汚れが乳房底面に与える影響

(文献 [1] をもとに作成)

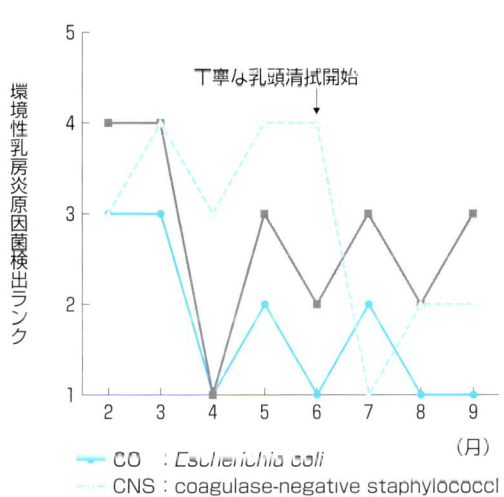

		スコア（静菌数〈CFU/mL〉の範囲）			
		1 （目標）	2 （やや多い）	3 （多い）	4 （非常に多い）
伝染性	SA	0	<150	150〜250	250<
	SAG	0	<200	200〜400	400<
環境性	CO	<100	100〜399	400〜700	700<
	CNS	<300	300〜499	500〜750	750<
	OS	<700	700〜1,999	1,200〜2,000	2,000<

SA : *Staphylococcus aureus*
SAG : *Streptococcus agalactiae*

(R.J.Fransworth et al, 1982 を一部改変)

図 2-4　丁寧な乳頭清拭開始とバルク乳細菌培養結果との関係

表2-1 効果の認められているディッピング剤一覧

有効成分	商品名（販売会社名※）	用法用量
ノノキシノールヨード（有効ヨウ素として0.4～1％）	アーマー（GOF） ソフトディップ（GOF） ピュアディップ10AP（科飼研）	原液（本剤）をコップなどの容器に入れ，毎搾乳（直）後，乳頭を短時間浸漬する。
ノノキシノールヨード（有効ヨウ素として1％）	アイオディップ（セリオ） コートテンスリー（GOF）	清水または温湯で2倍に希釈し，ディッパー（コップ）などの容器に入れ，毎搾乳後，乳頭を短時間浸漬する。
ノノキシノールヨード（有効ヨウ素として2％）	ディップ・マム（文永堂） ピュアディップ20（科飼研） ファインディップ（共立） ディプゾール20（共立）	清水または温湯で4～5倍に希釈し，コップなどの容器に入れ，毎搾乳後乳頭を短時間浸漬する。
ヨウ素混合液，ヨウ素酸ナトリウム，ヨウ化ナトリウム（有効ヨウ素として1％）	ブロックエイドA（全薬） ボバダインA（全薬）	原液をコップなどの容器に入れ，毎搾乳直後，乳頭を短時間浸漬する。
グリセリン－ヨウ素複合体，ヨウ化ナトリウム（有効ヨウ素として1％）	ウィンターエイド（全薬）	原液をコップなどの容器に入れ，毎搾乳直後，乳頭を短時間浸漬する。
塩化ベンザルコニウム0.1％	プロクール（日曹商事）	コップなどの容器に入れ，毎搾乳後乳頭を短時間浸漬する。
ノノキシノールヨード（有効ヨウ素として0.5％）	セラテック（GOF） ディプゾール5（共立） ピュアディップ5（科飼研）	搾乳前：乳頭の汚れを落とした後，原液を清水で5倍に希釈し，乳頭を短時間浸漬後，布タオルなどで乳頭を拭いて乾かし，ミルカーを装着する。 搾乳後：原液をコップなどの容器に入れ，毎搾乳後乳頭を短時間浸漬する。
グリセリン－ヨウ素複合体，ヨウ素酸ナトリウム（有効ヨウ素として0.1％）	クォーターメイトA（全薬）	原液をコップなどの容器に入れ，毎搾乳前後に下記のように用いる。 搾乳前：乳頭の汚れを落とした後，乳頭を短時間浸漬し，使い捨てペーパータオルなどで乳頭を拭いて乾かし，ミルカーを装着する。 搾乳後：ミルカーを離脱した後，直ちに乳頭を短時間浸漬する。

※GEAオリオンファームテクノロジーズ㈱：GOF，㈱科学飼料研究所：科飼研，㈱セリオ：セリオ，共立製薬㈱：共立，文永堂薬品㈱：文永堂，日本全薬工業㈱：全薬，日曹商事㈱：日曹商事

プは，乳頭表面の汚れに起因する伝染性乳房炎の発生リスクを助長する大きな原因になる。

プレディッピングは特に環境性乳房炎の予防，ポストディッピングは伝染性乳房炎の予防に効果があるといわれている。効果の認められている薬剤により適正濃度で行うことが重要である［7］（**表2-1**）。

(5) 乾乳期の管理と乳房炎

乾乳期の管理と乳房炎について，十勝乳房炎協議会（1994年）が行った調査研究および十勝NOSAI（2013年）が行った調査（第1章，**図1-3**）では，分娩後の臨床型乳房炎は分娩後10日までの発生が最も多いことが示されている。また，乳房炎発生数を減らすためには乾乳

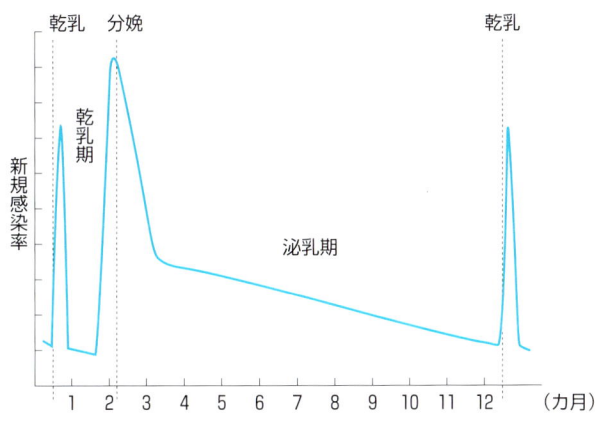

図 2-5　新規乳房内感染率の推移

（文献［2］をもとに作成）

後期から分娩直後の感染を減らすことが有効であると考察している［10, 11］。Natzke（1981 年）は乾乳期の中で最も新規感染リスクの高い時期は乾乳直後2週間と分娩直後であることを報告しており［14］, Bradley と Green ら（2004 年）は乾乳期の中で最も新規感染リスクの高い時期は乾乳直後2週間，分娩前2週間〜分娩直後であるとしている（**図 2-5**）［2, 4］。

　乾乳中は乳汁中ラクトフェリン（LF）濃度が上昇し，細菌が乳房内で容易に増殖できない環境をつくっているため発症せず，分娩後に発症するといわれている［16］。これは，分娩前後には乳汁中 LF 濃度の減少や好中球遊走能の低下，免疫グロブリン濃度の減少などで乳房内の細菌発育阻止能が低下するためである［5, 6］。この時期は環境性乳房炎が発症しやすくなるため，乾乳期を含めた防除対策が必要となる。

2. 牛の抵抗性と乳房炎

　分娩前後のいわゆる移行期に受けるストレスには，分娩またはそれによる代謝の変化，暑熱，感染症の罹患などさまざまな要因がある。その結果として，飼料摂取量，免疫，乳量の低下，ボディ・コンディション・スコアの急激な変化をもたらし，それが肝機能の低下へとつながっている。

　Drackley（2002 年）は，ストレスが少ないときには栄養分のほとんどが生産に使われるが，さまざまなストレスが重なってしまうと栄養配分がストレスへの対処に配分されることを示し，ストレスが一定の閾値（ブレイクポイント）に達すると臨床症状が発現して正常な生産が不可能になると積み木を例に提言している（**図 2-6**）。Sordillo ら（2009 年）は，抗酸化ストレスが乳牛の免疫能に影響を与えることを報告している［15］。乳房炎には，この移行期の免疫能の低下と，泌乳最盛期にみられる泌乳ストレスが大きく影響してくると思われる。McDonald ら（1981 年）は，乾乳後期に大腸菌を実験感染させたところ，乾乳中は乳房炎を発症せず，分娩後 13 日以内に感染分房の 38％において急性または甚急性乳房炎を発症したと報告している［13］。また，筆者も大腸菌による甚急性乳房炎は，分娩直後と泌乳最盛期の過ぎたころに多発することを経験している。おそらくこれらの現象は，上記の種々のストレスによって好中球の活性が低下し乳腺への好中球の遊走が遅れることが大きな原因と考えられる。

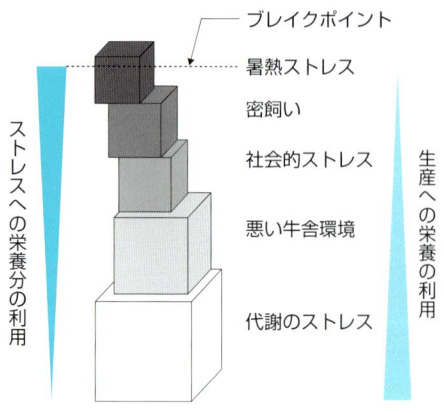

図2-6 ストレスの積み木の塔

3. 乳頭における防御機構と乳房炎

乳頭には，外界から乳頭内に容易に微生物が侵入できないように乳頭管にケラチン層やその奥にはフルステンベルグのロゼットが存在し（図2-7），初期の感染防御機構として重要な役割を果している。しかし，乳頭先端が損傷を受けるとこの防御機構が機能しなくなるため，乳房炎の感染リスクは高くなる。乳頭損傷は乳頭の切創，踏傷のほか，過搾乳や搾乳システムの整備不良によっても起こり，乳頭のうっ血（口絵p.7，図2-8a）や乳頭粘膜の出血，乳頭先端のびらん，乳頭の突出変形を引き起こす。乳頭の損傷度合の目安として乳頭スコアがある。乳頭スコアの基準を表2-2に示した。乳頭が損傷するにつれNからVRへと変化していく。

(1) 搾乳手技と乳房炎

乳頭損傷を防ぐための搾乳手技とは，泌乳生理にあった搾乳をすることである。乳頭の根元から握って1乳頭につき4回ずつしっかりと前搾りし，60～90秒後にライナーを装着，搾乳開始後5分程度で早めに離脱する。不十分な前搾りや装着のタイミングを誤るとオキシトシンの分泌が遅延し，分泌ピークが低くなるので短時間で搾乳することが不可能になる［12］。こ

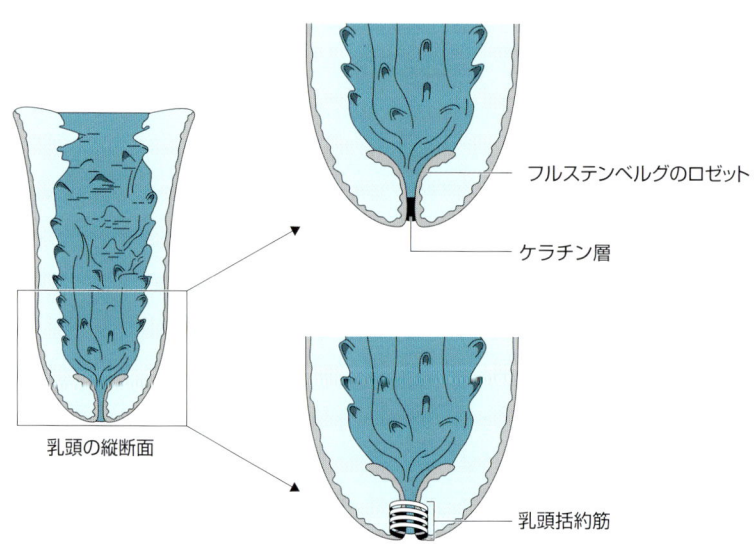

図2-7 乳頭における防御機構

（文献［3］をもとに作成）

表 2-2 乳頭スコアの評価方法

スコア	評価基準
N	乳頭端リングなし。 乳頭口は，なめらかで小さく平らである。
S	乳頭端は，なめらかまたはやや粗いリングあり。 乳頭口を取り囲む突出したリングあり。
R	乳頭端に粗いリングあり。 乳頭口より 1〜3 mm 伸びたシダ状物または膨隆した古い角質を伴ったリングあり。
VR	乳頭端にとても粗いリングあり。 乳頭口より 4 mm 伸びた粗いシダ状物または膨隆した古い角質を伴った粗いリング。

（文献 [9] をもとに作成）

れが過搾乳の原因となり乳頭先端にびらんを生じる原因となる。また図 2-9 から分かるように，マシンストリッピング（搾乳中にミルククローの上から負荷をかける動作）をしてもそれによって搾ることができる乳はごくわずかであり，過搾乳による乳頭損傷のリスクのほうが大きいといえる。

(2) 搾乳システムと乳房炎

搾乳システムの不良のうち乳頭に与える影響が最も大きいのは，設定真空度やパルセーターの拍動数，拍動比の誤った設定である。図 2-10 に示すように搾乳システムの設計不良などによる真空度の変動やパルセーター，調圧器の不調は，乳頭先端の損傷を引き起こし，それが乳房炎感染のリスクを高める。

(3) 形質遺伝と乳房炎

乳房の付着の強さや乳頭の長さ，乳頭口の形状などの形質的遺伝は，乳房炎に大きな影響を与えることが知られている。つまり乳房の付着が弱く乳頭口が地面に近い牛，ヤギ乳頭のように乳頭先端が細く突出している牛，逆に乳頭口が極端にくぼんでいる牛などは乳房炎罹患のリスクが高いといえる。

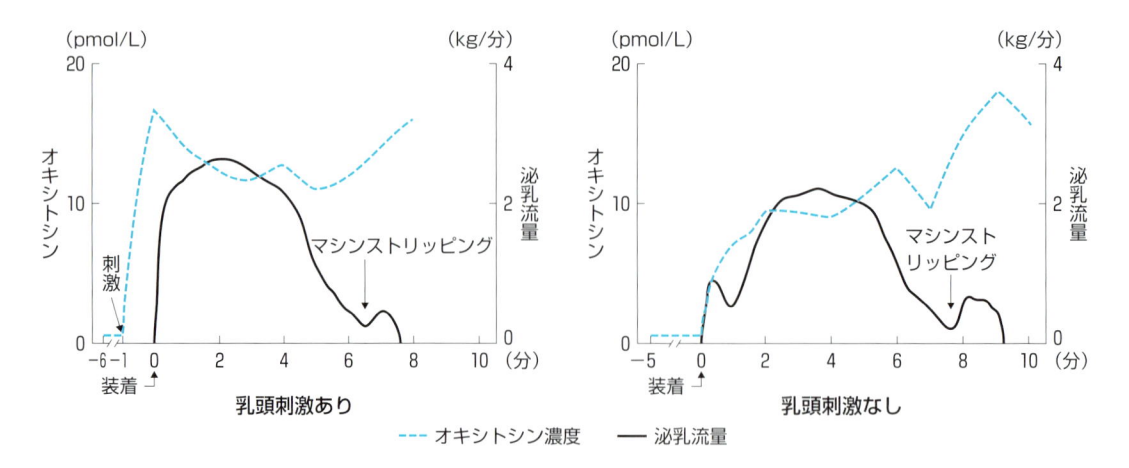

図 2-9　搾乳前刺激が血中オキシトシン濃度と泌乳に及ぼす影響

（文献［10］をもとに作成）

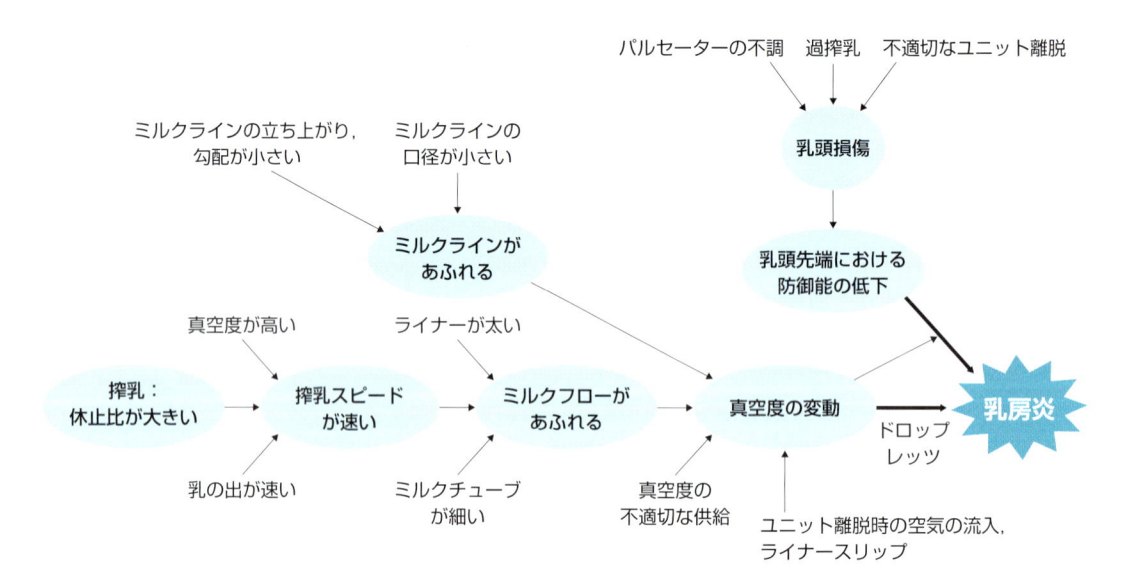

図 2-10　搾乳システムと乳房炎の因果関係

References

[1] Abe, N. 1999. The deeper the "mud", the dirtier the udder. Hoard's Dairyman.

[2] Bradley, A. J. and Green, M. J. 2004. The importance of the nonlactating period in the epidemiology of intramammary infection and strategies for prevention. *Vet. Clin. North Am. Food Anim. Pract.* **20**: 547-568. doi: 10.1016/j.cvfa.2004.06.010

[3] Bramley, A. J., Cullor, J. S., Erskine, R. J., Fox, L. K., Harmon, R. J., Hogan, J. S., Nickerson, S. C., Oliver, S. P., Smith, K. L. and Sordillo, L. M. 1996. Current Concepts of Bovine Mastitis, 4th ed., National Mastitis Council, Madison, Wisconsin.

[4] Green, M. J., Green, L. E., Medley, G. F., Schukken, Y. H. and Bradley, A. J. 2002. Influence of dry period bacterial intramammary infection on clinical mastitis in dairy cows. *J. Dairy Sci.* **85**: 2589-2599. doi: 10.3168/jds.S0022-0302(02)74343-9

[5] Hill, A.W. 1981. Factors influencing the outcome of *Escherichia coli* mastitis in the dairy cow. *Res. Vet. Sci.* **31**: 107-112.

[6] Hill, A.W., Shears, A.L. and Hibbitt, K.G. 1979. The pathogenesis of experimental *Escherichia coli* mastitis in newly calved dairy cows. *Res. Vet. Sci.*, **26**: 97-101.

[7] 平山紀夫，小久江栄一，福山聡．2013．正しく使う家畜のくすり：養豚界臨時増刊号．p.35・138．緑書房．東京．

[8] Kawai, K., Kurosawa, S. and Nagahata, H. 2009. Relationship between milking management practices and milk somatic cell counts in local dairy farms. *Jpn. J. Anim. Hygiene.* **34**: 141-147.

[9] Main, G. A., Neijenhuis, F., Morgan, W. F., Reinemann, D. J., Hillerton, J. E., Baines, J. R., Ohnstad, I., Rasmussen, M. D., Timms, L., Britt, J. S., Fransworth, R., Cook, N. and Hemling, T. 2001. Evaluation of bovine teat condition in commercial dairy herds: 1.non-infections factors. Proceedings AABP-NMC International Symposium on Mastitis and Milk Quality., Vancouver.

[10] Mastits Control. 2005. 十勝乳房炎協議会．北海道．

[11] Mastitis Control 2nd ed. 2014. 十勝乳房炎協議会．北海道．

[12] Mayer, H., Schams, D., Worstorff, H. and Prokopp, A. 1984. Secretion of oxytocin and milk removal as affected by milking cows with and without manual stimulation. *J. Endocrinol.* **103**: 355-361.

[13] McDonald, J. S. and Anderson, A. J. 1981. Experimental intramammary infection of the dairy cow with *Escherichia coli* during the nonlactating period. *Am. J. Vet. Res.* **42**: 229-231.

[14] Natzke, R. P. 1981. Elements of mastitis control. *J. Dairy Sci.* **64**: 1431-1442. doi: 10.3168/jds.S0022-0302(81)82713-0

[15] Sordillo, L. M. and Aitken, S. L. 2009. Impact of oxidative stress on the health and immune function of dairy cattle. *Vet. Immunol. Immunopathol.* **128**: 104-109. doi: 10.1016/j.vetimm.2008.10.305

[16] Welty, F. K., Smith, K. L. and Schanbacher, F. L. 1976. Lactoferrin concentration during involution of the bovine mammary gland. *J. Dairy Sci.* **59**: 224-231. doi: 10.3168/jds.S0022-0302(76)84188-4

第3章 乳房炎原因菌の特徴と乳房炎の診断，治療および予防

Executive Summary

1. 乳房炎の予防と治療は，乳房炎を引き起こす原因菌の特徴をよく理解し，それに基づく対応をすることが重要である。
2. 乳房炎防除は，臨床型乳房炎だけでなく，潜在性乳房炎も含めた防除対策を講じることが重要である。
3. 黄色ブドウ球菌（Staphylococcus aureus：SA）の泌乳期治療は，前産のSA感染歴がなく，乳頭に傷がない，凝塊（ブツ）も出ていない潜在性感染牛に限ってのみ，有効抗菌剤による乳房内注入とタイロシン（TS）の全身投与による併用療法（3日間）や，ピルリマイシン（PLM）の8日間連続投与が有効である。
4. SAの乾乳時治療は，前産のSA感染歴がなければ，乾乳時に有効抗菌剤による乳房内注入とTSの全身投与による併用療法（3日間）を行い，乾乳用軟膏を注入する方法が有効である。
5. SAによる乳房炎の治療後の治癒判定は3回以上の培養検査が必要である。
6. コアグラーゼ陰性ブドウ球菌（coagulase-negative staphylococci：CNS）による乳房炎は，抗菌剤が有効であり，治療にもよく反応する。
7. ストレプトコッカス・ウベリス（Streptococcus uberis：SU）は難治性乳房炎を引き起こすため，少なくとも抗菌力のある抗菌剤での6日間の長期治療が必要である。また，PLMの8日間連続投与の有効性も報告されている。
8. Enterococcus spp.による乳房炎の治療は，有効抗菌剤がペニシリン（PC）のみの場合が多いため，治療の適否を鑑別し適切に治療することが重要である。
9. 大腸菌性乳房炎の治療は，感染初期には殺菌性抗菌剤で治療することが望ましい。治療が遅れた場合，殺菌性抗菌剤の使用は避け，静菌性抗菌剤に切り替えて対症療法の強化を図る。
10. 酵母様真菌（Yeast）による乳房炎の治療においては，抗菌剤の使用は禁忌である。頻回搾乳以外の治療法として，用法外使用となるがポピドンヨードやナイスタチン（NYT）の乳房内投与がある。
11. Prototheca 属による乳房炎の治療は難治性であり，複数分房の感染の場合が多いため，感染牛の淘汰が推奨される。
12. マイコプラズマ性乳房炎の治療は，潜在性感染のみを治療の対象とする。治療は，オキシテトラサイクリン（OTC）の乳房炎投与（5日間）とフルオロキノロン系抗菌剤の全身投与が有効である。
13. 未経産乳房炎の治療は，治療効果が高いので，発見した場合，積極的な治療が推奨される。

Literature Review

牛の乳房炎は，原因となる微生物が乳頭から侵入し，乳腺に定着することによって感染が成立する。また，原因菌の種類によって症状が異なり，治療効果もその特性に左右されることから，原因菌に基づいて対処することが乳房炎の早期治癒，発生予防に重要であるといわれている。病原体のもつ特性はその病原性と関連があり，宿主の免疫応答能は多くの要因によって影響を受ける。乳房炎病原体は，感受性宿主に感染を引き起こす。行った治療が奏功するかどうかは，宿主側の免疫要因，病原体の感染性，病原性，薬剤耐性，そして使用薬剤の作用機序と特徴，投与経路，体内動態などの相互作用により左右される（図3-1）。したがって，抗菌剤による治療は，宿主のもつ生体防御能を補助するものであることを治療の基本的な概念としてもつことが重要である。

ここでは，さまざまな乳房炎の病態，診断，治療に焦点を当て，主な原因菌の特徴とその基本的な対処法について解説する。

1. 抗菌剤による乳房炎治療と有効性の評価

乳房炎の治療は，病原体を除去するか，宿主免疫を補助し，感染による病態生理学的反応を低減させるかのいずれかまたは両者による。臨床現場では，よく抗菌剤投与による病原体の除去に焦点が注がれるが，乳腺内感染に対する治療が奏功したかどうかは，乳腺からの総病原体除去量よりも，臨床徴候の低減を評価する方がよいと考える。その理由は，市場取引に耐え得る乳質を保持し，さらにその牛が長期間生存し経済的に貢献することこそが治療の最終ゴールだからである。一方で，微生物学的培養検査の結果から，原因菌の特徴に基づいた適切な処置を施すことでより効果的な治療が可能であると証明されている。したがって，微生物学的検査の特徴やその牛の病態と原因菌の特徴をよく理解した上で，総合的に治療効果を評価することが重要である。

微生物学的評価を考える上で，一度の培養検査では病原体が分離されない可能性があるこ

宿主
- 免疫状態
- 年齢
- 基礎疾患
- 免疫能力

病原体
- 病原性因子
- 感染性
- 病原性
- 薬剤耐性

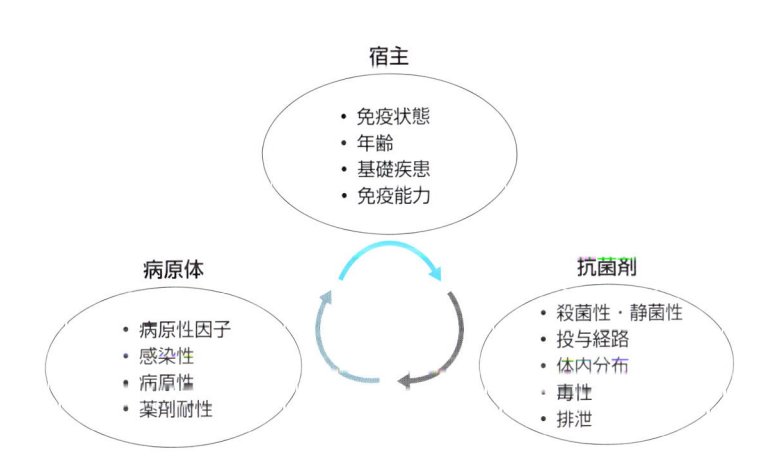

抗菌剤
- 殺菌性・静菌性
- 投与経路
- 体内分布
- 毒性
- 排泄

図3-1 治療結果に影響を及ぼす要因

と，抗菌剤に暴露された細菌は発育抑制され，治療終了後のある時期まで状態を維持する可能性があること，SAなどの食細胞内で生存，膿瘍形成するL型菌は，ルーチンの培養検査では分離される可能性が低いこと[27]，ほとんどの慢性感染では乳汁中の細菌が周期的に見られなくなることがあり，これらの要因を解消するためには，少なくとも一定間隔の3回以上の培養検査が必要であることを念頭に置かなければならない[28]。臨床型乳房炎は，外観が正常に回復したものを治癒と判断とする。しかし，治療後の出荷禁止期間中の再発や回帰性の再発は，臨床評価の一部として記録しておく必要がある。

2. 黄色ブドウ球菌による乳房炎

黄色ブドウ球菌（SA）は，乳房炎の原因菌の中で難治性の乳房炎を引き起こすことがよく知られている。また，感染乳汁から搾乳者の手，ミルカーを介してほかの牛に伝播することから，伝染性乳房炎の原因菌とされている。感染牛が牛群内に増えると，治療しても乳房炎を繰り返す牛が増え，バルク乳の体細胞数も徐々に上昇する。SAは乳頭の荒れや乳頭口の損傷などで増殖し，そこから乳房の中へ侵入する。

(1) 微生物学的診断

SAは血液寒天培地上にて37℃，24時間好気培養すると，中型の乳白色から乳黄色のコロニーとして発育するカタラーゼ陽性のグラム陽性球菌である。完全溶血，不完全溶血，または完全と不完全の二重溶血を示し，不完全溶血帯をもつものは，ほぼSAと同定される。完全溶血のみのものはコアグラーゼ試験を行い，陽性（ウサギ血漿が凝固）を確認した場合にSAと同定する。

(2) 病態

臨床型乳房炎の発生率は10％前後であるが，SA感染牛の多くは潜在性もしくは慢性乳房炎を引き起こしているので，牛群での浸潤度はもっと高い。感染が進行すると乳腺に微細膿瘍を形成し，治療に反応しにくくなる。感染乳房の触診では，乳房深部に芯を認めるような硬結を形成する。

SAは，スライム（バイオフィルムの形成成分である粘液質）を産生して乳腺細胞への付着性が増すことで乳房深部に浸潤し[24]，マクロファージなどの貪食細胞に取り込まれても長期間生き続けることが知られている[36]。まれに急性壊疽性乳房炎を引き起こすと，乳房は冷感を呈し，暗赤褐色の乳汁を排出する。このような場合，乳房は壊死し脱落する。

(3) 治療および予防

SAは伝染性原因菌であるため，感染牛はまず隔離をし，最後に別搾乳することでほかの牛への感染を防ぐことが重要である。泌乳期における臨床型乳房炎は，あまり効果的な治療は望めない。しかし，感染牛を早期に摘発し潜在性乳房炎のうちに治療するか，症状がある場合でも乾乳時に治療することで治癒率を高めることができる。

泌乳期における潜在性乳房炎の治療は，3日間有効抗菌剤の乳房内注入と全身投与を併用することが有効である[10]。ただし泌乳期の治療は，乳房に硬結がない，乳汁に凝塊がない，前産からのSA感染歴がない，乳頭に傷がないという感染初期の潜在性乳房炎に限定される。乾乳時の治療も同様に3日間有効抗菌剤の乳房内注入と全身投与を行い，4日目に乾乳期用乳房注入剤（乾乳用軟膏）を注入して急速乾乳する。全身投与薬は組織浸透性の高いTS（10 mg/kg/日）などが推奨される[19]。その理由は，TSのもつpHトラップ（注1）の原理

による。SA感染牛は間欠的な排菌により感染が把握しにくいため，泌乳期潜在性乳房炎は治療後1週間おきに，乾乳時治療は分娩後1週間おきに3～4回の培養検査を行い，すべてSA陰性の場合にのみ治癒と判定する。また，近年日本で認可された乳房内注入剤にPLMがある。海外での治験では，8日間連続投与によるSA乳房炎の治療成績が報告されており，日本で承認されている2日間投与の治癒率54％に比較し，8日間投与では71％と高い治癒率が認められている［5］。

SA感染を低レベルにコントロールするには，月1回バルク乳の培養検査を行い，日頃から感染牛の把握に努めることが重要である。感染牛の対処には，感染分房の数や，初産牛か経産牛か，臨床型か潜在性か，初期感染か慢性感染かなど，個体の価値をよく見極め，泌乳期治療，乾乳期治療，盲乳（注2），淘汰のどれを選択したらよいかを判断することが重要である。

3. 環境性ブドウ球菌による乳房炎

環境性ブドウ球菌による乳房炎は，SA以外のコアグラーゼ陰性ブドウ球菌（CNS）によって引き起こされる。環境性ブドウ球菌には *Staphylococcus haemolyticus*, *S. chromogenes*, *S. arlettae*, *S, simulans*, *S. epidermidis* などが含まれる。主に体表や乳頭の皮膚に生息する。

(1) 微生物学的診断

環境性ブドウ球菌は乳汁を血液寒天培地に塗布し，37℃，24時間好気培養すると，中型の乳白色から黄色のコロニーとして発育するカタラーゼ陽性のグラム陽性球菌である。CNSは完全溶血を示すものはSAとの鑑別にコアグラーゼ試験が必要である。

(2) 病態

急性乳房炎を引き起こすが，激烈な症状を呈することは少ない。夏季に多く発生し，日和見的である。未経産乳房炎の主要な原因菌でもあり，未経産牛の分娩後の乳生産量低下の原因ともなっている。

(3) 治療および予防

乳頭の皮膚に生息するため，搾乳衛生に不備がある牛群では保菌割合も高く，バルク乳の細菌培養検査で高い数値を示す。発生率は臨床型乳房炎全体の10％前後である。抗菌剤には比較的感受性があり，治療にもよく反応するため慢性化への移行は少ない。

4. 環境性レンサ球菌による乳房炎

環境性レンサ球菌（other streptococci：OS）による乳房炎の発生は，臨床型乳房炎全体の25％以上を占め，最も多い原因菌である。

環境性レンサ球菌とは，無乳性レンサ球菌（*Streptococcus agalactiae*：SAG）以外のレンサ球菌属のことをいい，ストレプトコッカス・ディスガラクティエ（*Streptococcus dysgalactiae*：SD），SU, *S. bovis*, 広義には, *Enterococcus faecalis*, *E. faecium* などが含まれる。

(1) 微生物学的診断

OSはカタラーゼ陰性，グラム陽性球菌であ

（注1）マクロライド系の抗菌剤のように，血液よりpHの低い体内の各部位に速やかに移行し蓄積して，その領域の薬剤の濃度が高まる現象。
（注2）乳房を泌乳停止状態にすること。強制的分房乾乳，または薬剤を使用しての永久的組織破壊による泌乳停止，または乳房炎などで組織破壊が起こり自然に泌乳停止になった状態。

表 3-1　Streptococcus uberis 乳房炎に対する 7 つの治療法の臨床的治療率

治療法	分房数	臨床的治癒 3日以内治癒（%）	6日以内治癒	計	全体治癒（%）
治療なし	11	0（0）	0	0	0
抗菌剤 2 回/日注入（A）	10	7（70）	3	10	100
抗菌剤 1 回/日筋注（P）	11	2（18）	8	10	91
A+P	18	11（61）	7	18	100
抗菌剤 1 回/日注入（L）	11	3（27）	7	10	91
オキシトシン（O）	10	0（0）	0	0	0
O+L	10	0（0）	1	1	10

（文献［9］をもとに作成）

る。たとえば図5-4のSUに示すように血液寒天培地上で小コロニーを形成する。SDは環境性の原因菌でありながら伝染性の要素ももち，特に乳頭皮膚の荒れとの関係が深い。S. uberisは特に麦わらを敷料として利用している環境で多発するといわれている。発生率に季節変動はなく，分娩後の発生割合は，乾乳期における新規感染率に影響されるところが大きい。Streptococcus と Enterococcus は，SF 試験により鑑別する。

(2) 病態

多くは乳房の腫脹や硬結を引き起こす。乳汁性状は，凝塊を含む乳白色を呈し局所症状に限局するが，ときには水様乳を呈し，発熱などの全身症状を伴う急性乳房炎を引き起こす。水様乳を呈したときは大腸菌性乳房炎との鑑別が必要となるが，臨床的に皮温の低下や下痢などの症状がないことで容易に鑑別できる。

(3) 治療および予防

薬剤感受性試験に基づく有効抗菌剤にて局所治療を行う。通常 1 クール 3 日間の乳房内注入により治療を行うが，難治性といわれる SU に対する治癒率を上げるためには表3-1に示すように長期にわたる十分な治療が必要となる［9］。また，海外における PLM による治療の報告では，日本で承認されている 2 日間投与の治癒率 58％に比較し，8 日間投与で 80％と高い治癒率が認められており，今後このような治療法も考慮すべきである［23］。

Enterococcus は薬剤耐性傾向が強く，有効剤が PC のみとなる場合が多い（第 5 章参照）。

日頃より環境衛生，搾乳衛生に留意することが重要である。特に乾乳期における新規感染が多いとされているので，乾乳軟膏の使用および乾乳期の衛生管理に重点をおく必要がある。感染頻度の高い乾乳後 2 週間と分娩予定前 2 週間の乳頭シールド剤の応用は有効である［16］。

5. 大腸菌群による乳房炎

大腸菌群（coliforms：CO）による乳房炎の発生は，牛を取り巻く環境衛生，気候，温度，牛床の敷料の種類・交換頻度などの環境要因と関係が深く，気温が上昇し環境が粗悪になりがちな夏から秋にかけて発生率が上昇する。分娩や高泌乳生産，夏の暑熱のストレスなどにより，牛の抗病性が低下すると易感染性となることが報告されている。また，これらのグラム陰性菌は，グラム陽性菌と比較して増殖スピードが速いために，ときには重篤な症状を引き起こす。

(1) 微生物学的診断

ブドウ糖発酵のグラム陰性桿菌である大腸菌（*Escherichia coli*：EC），*Klebsiella pneumoniae*，*Proteus mirabilis*，*Serratia marcescens* などの腸内細菌科のものが含まれる。EC は灰色不整形の大きなコロニーを形成し，特有の臭気を放つ。*K. pneumoniae* は乳白色スムースの光沢のある大きなコロニーをつくる。*P. mirabilis* は灰色不整形でスウォーミング（培地上でリング状に広がる状態）を認め，特有の臭気を放つ。*S. marcescens* は一般的に赤色のコロニーを示すことが多い。どれもコロニー形態に特徴があるので目視鑑別が可能である。

(2) 病態

通常の急性症状で経過して回復するものと，内毒素であるエンドトキシンによりショック症状を引き起こして甚急性に病状が進行し，治療が遅れると死に至るものがある。大腸菌による臨床型乳房炎のおよそ1割が甚急性乳房炎となることが知られている［17］。

1) 急性乳房炎

通常，感染が起きると発熱などの全身症状を伴い，乳房の熱感，腫脹，硬結などの局所症状を示す。乳汁は多くの凝塊を含む水様，希薄な乳白色や黄白色を呈し，乳量は著しく減少する。早期に治療すると2〜3日のうちに症状が回復し乳生産も回復するが，治療が遅れ乳腺組織の損傷が著しい場合は泌乳停止に陥る。しかし，乾乳期を経て次乳期に泌乳を回復する場合も見られる。

2) 甚急性乳房炎

初期は乳房の熱感，腫脹，硬結と体温の上昇，飲食廃絶，心拍数の増加，水瀉性下痢を呈す。時間が経過するにつれ，エンドトキシンにより眼結膜の充血，外陰部粘膜の充血などの藩種性血管内凝固（DIC）症状を引き起こす［6, 13］。脱水，耳介の冷感，体温・皮温の低下を認め，起立不能，斃死に至ることがある。時には乳房および乳頭に冷感，乳房に紫斑を呈し，時間の経過とともに罹患分房のみが壊死脱落するものもある。このようなタイプを壊疽性乳房炎といい，しばしば起立困難を伴う重篤な症状を呈し，斃死に至ることも少なくないが，早期の適切な治療を行うことにより，生命は取り止めることができる。しかし，青紫色の紫斑部が小範囲に見えても，乳頭もしくは乳房が冷感を呈している場合は，その分房は全体がすでに壊死状態に陥っており，たとえ全身症状が回復しても，壊疽に移行した乳房は後に自壊脱落する。

(3) 治療および予防

1) 抗菌剤の特徴と慎重使用

急性乳房炎で全身症状を伴うものについては，有効抗菌剤の局所および全身投与，ならびに補液による対症療法を行う。大腸菌に代表するグラム陰性桿菌は，グラム陽性球菌に比べ増殖スピードが速いため，早期発見，早期治療が治癒転帰を左右するといわれている。大腸菌性乳房炎の治療に抗菌剤を使用するか否かについては，未だ議論があるところではあるが，これまでのいくつかの報告［22, 29, 31］を総合して考えると，基本的な抗菌剤の使用は，耐性菌出現を防止するためにも，早期に抗菌力のある十分な濃度の殺菌性抗菌剤を使用することが肝要であり，このような治療法は，大腸菌性乳房炎のような病態の変化が早い乳房炎の治療に適合すると考えられる。第二次選択薬であるフルオロキノロン系薬は，作用機序がβラクタム系と違い DNA 合成阻害に働くため，エンドトキシンの放出が軽微であること，また **図 3-2**, 3-3 に示すように EC と *K. pneumoniae* に対する最小発育阻止濃度（minimum inhibitory concentration：MIC）が<0.125 μg/mL とほかの薬剤に比較し極めて低く，規定用量を静脈注射する

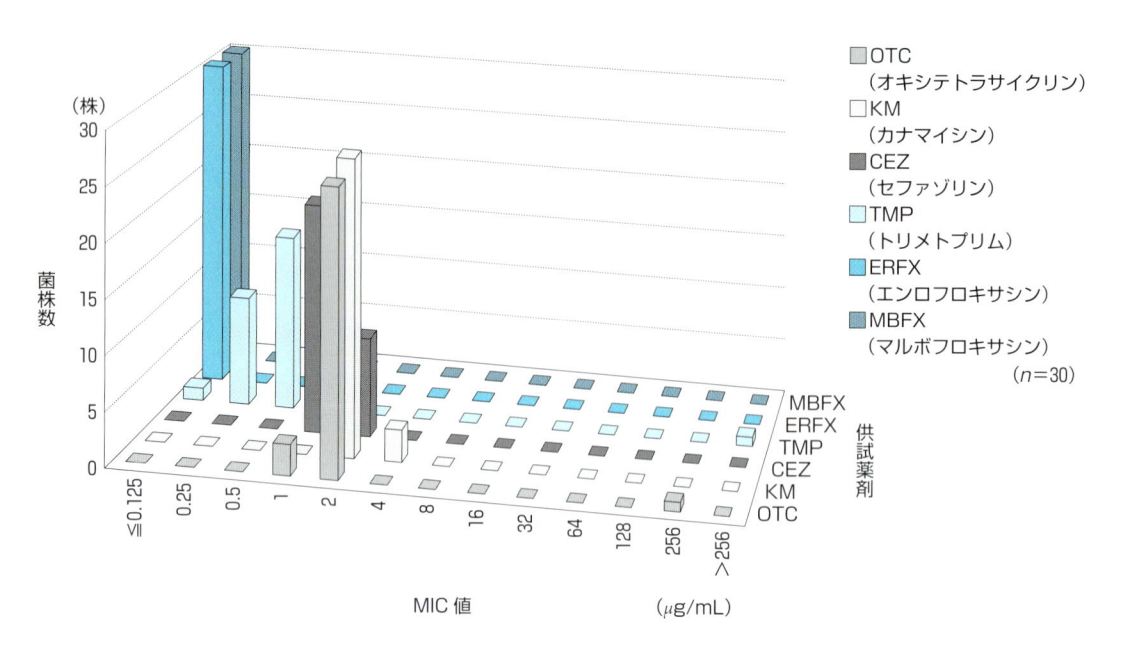

図 3-2 *Escherichia coli* に対する最小発育阻止濃度（MIC）

ことにより，乳汁中の濃度が極短時間で耐性菌をも死滅させる耐性菌出現阻止濃度（mutant prevention concentration：MPC）以上に達することなどから，このような病態進行の早い大腸菌性乳房炎に限ってのみ，初診での投与が適していると考えられる。

フルオロキノロン系薬を使用する際には，①発病直後の一刻も早い時間に投与すること，②十分な量を投与すること（フルオロキノロン系薬の場合は用法に基づいて規定用量内で対応可能），③投与は1回／日，3日間までにすることなどの条件を守る必要がある。抗菌剤の乱用を避けるために正確な診断と適正使用が肝要である。

一方，治療が遅れた症例については，次に記述する対症療法を中心に治療を組み立て，抗菌剤は使用しないか，使用したとしても静菌性抗菌剤を選択したほうが予後はよいと思われる。抗菌剤の投与法は，乳房内の局所投与のほかに，静脈内投与，筋肉内投与，抗菌剤を外陰部動脈や外腸骨動脈に直接注射する動脈内注射法

[34, 38] がある。動脈内注射法の利点は，罹患乳房に流入する動脈に直接抗菌剤を投与できること，全身投与に比べて高濃度の薬剤が患部に持続的に作用するため効果が高いことである。抗菌剤の投与量は，全身の2分の1量を目安に投与され，懸濁水性のステロイド剤を混入するとより効果が高いといわれている [1]。

2）対症療法（補助療法）

甚急性乳房炎については，早期の原因菌の排除とともにエンドトキシンおよびサイトカインショックの緩和を考えなければならない [1]。オキシトシンを使用し罹患分房の頻回搾乳や乳房洗浄 [30] を行いながら，有効抗菌剤の局所および全身投与を行う。また，エンドトキシンによって循環血漿量および心拍出量が低下しショックに陥っている症例に対する血行動態の改善のために，初期の段階で7.2％高張食塩水（HSS）2～3Lを静脈内に急速投与する [33, 37]。ただし，HSS投与後5分以内に牛が飲水しない場合は，それによる高ナトリウム，低カ

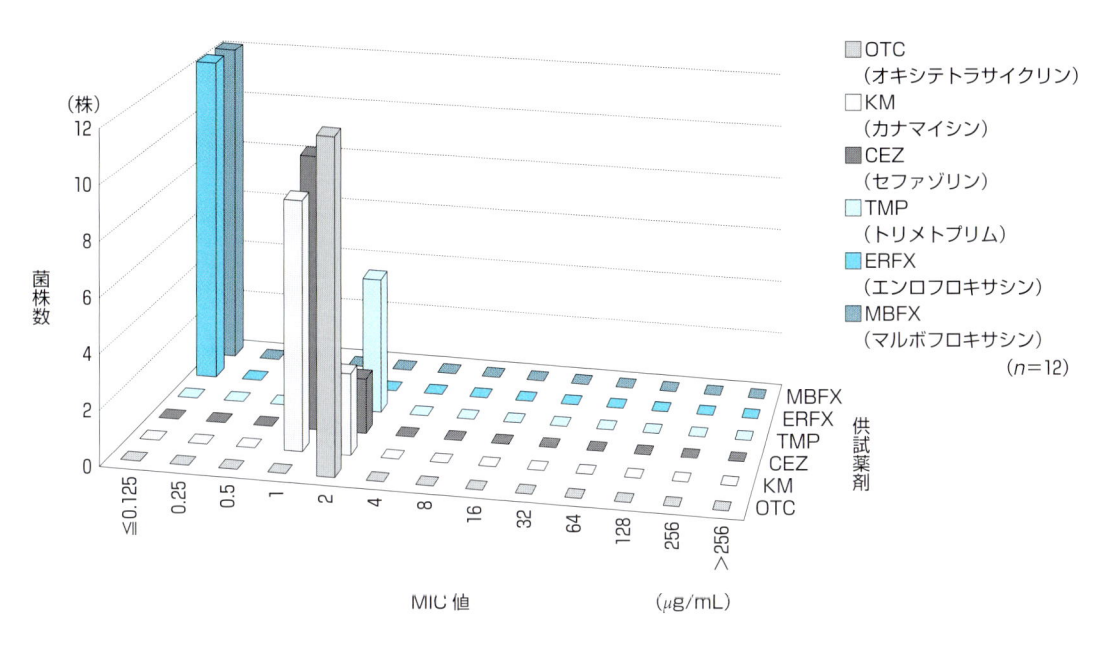

図 3-3 *Klebsiella pneumoniae* に対する最小発育阻止濃度（MIC）

リウム血症を緩和するために 20 L の温湯に 50 g の塩化カリウムを溶解した低張液を経口投与することが望ましい。そのほかの対症療法として，できるだけ早期に抗サイトカイン作用を目的としたデキサメサゾン 10 mg の投与，抗エンドトキシン作用を目的としたウルソデオキシコール酸 500〜1,000 mg の投与，抗 DIC 作用を目的としてヘパリン 5〜10 万単位の投与を行う。特に下痢によりカルシウムの損失を伴い低カルシウム血症に陥っているものは，一般状態の悪化を助長させるため，初期の段階でカルシウムの投与を行うことも考慮すべきである。一般に早期発見，早期治療を行ったものは症状が改善するが，治療が遅れるにつれて治癒率は低下する。

3）予防

早期発見の観点から，牛の状態をよく観察することが重要である。急性乳房炎で，①水様乳，②耳介冷感，③皮温低下，④水様下痢，⑤後躯踉跄，⑥起立難渋，⑦食欲廃絶などを呈したときは，すぐに治療の対象とすべきである。特に早期発見，早期連絡を担う農家への啓蒙は重要である。

大腸菌性乳房炎を防ぐには，牛を取り巻く環境を清潔で乾燥した状態に保つこと，ストレスを回避し，適正な飼養管理により牛の健康を維持することで抗病性の低下を防ぐことが重要である。特にパドックの汚泥，牛床の汚れを解消し，牛に快適な環境を提供することが大切である。牛床は敷料を豊富に使用し，交換頻度を高める。風の流れをつくり，換気をよくすることで牛舎内を乾燥させ，暑熱のストレスを回避する。戻し堆肥を敷料として利用する場合は，牛床へ投入する前の堆肥中のグラム陰性菌の生菌数が少ないことが重要であるため，完熟させた堆肥を使用する。

また，乾乳期における大腸菌の新規感染を防ぐために，感染頻度の高い乾乳後 2 週間と分娩予定前 2 週間における乳頭シールド剤の応用も有効である［36］。

大腸菌性乳房炎のワクチンについては，海外

では歴史が古く，J5ワクチンなどの多くのワクチンが販売されているが，日本では未だ認可に至っていない。しかしながら，森本ら[20]，谷ら[35]が報告しているように，下痢症の予防を目的としたワクチンの使用により，死廃率の低下などの成果を上げている事例があり，現状としては副次的な効果としてこれらを有効に活用することが望まれる。

6. 緑膿菌による乳房炎

緑膿菌（*Pseudomonas aeruginosa*：PA）は，ブドウ糖非発酵のグラム陰性桿菌で，土壌，水などの自然環境に広く生息する常在細菌である。また，典型的な日和見病原菌であるといわれている。臨床型乳房炎の発生割合は全体の1％以下であるが，まれに牛群内で緑膿菌乳房炎が集団発生することがある。

(1) 微生物学的診断

血液寒天上で黒光りのする完全溶血帯のある線香臭を放つ不整形のコロニーを形成することが多いが，株によっては灰色のスムースまたはムコイド状の大きなコロニーを形成する場合もある。色素を産生しない株もあるが，多くはミューラーヒントンⅡ寒天培地での培養で，ピオシアニン（緑色），ピオベルジン（蛍光黄緑色），ピオメライン（黒褐色），ピオルビン（赤色）などのさまざまな色素を産生し培地色を変色させるので，スクリーニングにはこの性質を利用するとよい。

(2) 病態

多くは局所症状のみの急性乳房炎である。しかし，ときには重篤な症状を呈す甚急性乳房炎を引き起こす。また多発牛群では，潜在型として広く保菌した状況も見られ，培養検査でも検出されたりされなかったりする。

(3) 治療および予防

多くの薬剤に自然耐性をもち，一般的な抗菌剤の中では唯一ゲンタマイシン（GM）に感受性を示すが，牛用として承認されておらず治療する場合は適用外使用となるので注意が必要である。治癒率が低いことから，日頃からの衛生管理で感染を予防することが重要である。特にパーラー使用水は，十分な塩素添加や搾乳環境の定期的な洗浄消毒を行う。搾乳環境の殺菌には，希塩酸を電気分解することで生成するタイプの微酸性電解水を使用することが推奨される[11]。微酸性電解水は，pH 5.0～6.5の中性域に近い電解水であり，ほかの強酸性水，次亜塩素酸ナトリウム液と比較し，刺激性がないのが特徴である。殺菌成分である分子状次亜塩素酸（HOCl）を多く含有し，極めて低濃度で高い殺菌・消臭効果を示す。そして唯一食品添加物の指定がなされている安全な機能水である。

7. 酵母様真菌による乳房炎

酵母様真菌（Yeast）は牛の免疫能の低下や，不衛生下での薬剤の注入などが原因で乳房内に感染する。また，抗生剤の連用による一種の菌交代現象によって乳房内で真菌の発育しやすい環境をつくり，それが誘因になることもある。*Candida tropicalis*を主とした*Candida*属菌や*Pichia kudriavzevii*の感染が多い[7]。酵母による乳房炎の発生割合は臨床型乳房炎全体の1～2％程度である。

(1) 微生物学的診断

血液寒天培地上に乳白色の光沢のない小コロニーを形成する。鏡検にてグラム陽性，米粒様の大きな菌体を認めるため，容易に診断できる。採材直後でも乳汁中の凝塊を直接塗抹しグラム染色することで，菌体が確認され診断でき

る場合がある。

(2) 病態

乳房の硬結，腫脹が著しく，乳汁中には凝塊が多く含まれる。まれに高熱が持続することがあるが，その割には食欲が低下しないのが特徴である。

(3) 治療および予防

細菌を対象とする一般的な抗菌剤では効果がないため，早期診断と治療方針の変更が必要である。診断されたら速やかに抗菌剤の投与を中止し，頻回搾乳を指示する。頻回搾乳だけでも50％程度の治癒率が得られる（私信）。

薬剤治療としては，2％ポピドンヨード20 mLを1日2回3日間乳房内注入する方法［32］と，NYT錠剤25万単位をすり潰し注射用蒸留水に溶かして1日2回5日間乳房内注入する方法［21］があるが，いずれも適用外使用となるので注意が必要である。Yeastが多く存在するのは敷料やサイレージ飼料である。日頃からカビが生えた敷料などは使用せず，衛生管理に注意することが大切である。

8. プロトセカ属による乳房炎

日本で乳房炎を引き起こす*Prototheca*属はほとんどが*Prototheca zopfii*である。*P. zopfii*は，クロレラに類縁の葉緑素をもたない藻類で，牛に難治性の乳房炎を引き起こす［4］。フリーストール牛群に多く発生し，単発で終息するケースがほとんどであるが，まれに同一牛群で多頭数の感染に及ぶこともある。感染源は汚染された地下水，貯水タンク，ホースの水，水たまり，下水溝，搾乳機器などで，そこから乳房内へ侵入することで感染が成立する。ストレスなどによる抗病性の低下，不備な搾乳システムの使用，不適切な搾乳手技などによる乳頭の損傷，汚染環境の継続などが発症の引き金となるといわれている［2, 3］。

(1) 微生物学的診断

乳汁を血液寒天培地，またはPC添加サブロー寒天培地やPC添加ポテトデキストロース寒天培地などの選択培地に塗抹し，37℃で24時間好気培養する。血液寒天培地上では，灰色微小の乾燥感のあるコロニーを形成するが，グラム染色し鏡検することで容易に診断可能である。鏡検では，Yeastの5～10倍の岩石状の菌体と外殻が観察される。

しかし，臨床型乳房炎に移行する前の潜伏期間が長く，感染初期の臨床診断はなかなか難しい。

(2) 病態

感染牛は発熱，食欲不振などの全身症状はほとんど示さず，乳房の腫脹，硬結，乳汁中の凝塊などの局所症状のみを呈す。臨床型乳房炎では，感染牛の乳房解剖所見で著しい肉芽腫性病変，乳房上リンパ節の腫大と*Prototheca*属の乳腺組織およびリンパ組織への浸潤が認められる。感染牛の血清を用いたゲル内沈降反応により抗体が認められたものは，治癒困難である［12］。

(3) 治療および予防

感染分房は大量の*Prototheca*属を含んでいるため，万が一臨床型乳房炎が発生したときには，まず感染を拡大しないよう感染牛を隔離しなければならない。最初は一分房感染と診断されても，最終的には複数分房感染であることが多い。多剤耐性を呈し，瘢痕組織を形成するため治癒が困難で，早期に淘汰することが推奨される［18, 26］。

感染源の特定のために環境材料を採材し，選択培地により培養を行うが，通常はなかなか環境から分離できない。地下水を使用している所は使用を禁止し，牛舎内外の徹底消毒を行うほ

か，貯水タンク，給水器などの水周りの清掃と塩素消毒を行う。特にフリーストール農家は，日頃より牛舎衛生管理を徹底することで予防に努めることが重要である。しかしながら，多くの消毒剤や熱に耐性をもつため［15］，これらの対策は Prototheca 属が増殖してからの殺滅にはあまり効果がない。また，感染牛からはかなりの量の排菌が認められ，バルクの生菌数だけを異常に上昇させる。バルクの温度管理，洗浄には何ら問題がなく，牛群の体細胞数もさほど高くないのに，バルクの生菌数だけが異常に高い場合には Prototheca 属感染を疑う必要がある。

9. マイコプラズマ属菌による乳房炎

Mycoplasma spp. は，伝染性の化膿性乳房炎を引き起こすことが知られており，近年その発生が増加している。特に大規模牛群での蔓延は，長期にわたり酪農家へ甚大な損害を与えている。

(1) 微生物学的診断

Mycoplasma spp. を同定するためには，通常の培養検査とは異なり，被検乳汁を Mycoplasma 寒天培地に塗布し，37℃，10% CO_2 下で培養する。目玉焼き状の特徴的なコロニーはマイコプラズマ・ボビス（Mycoplasma bovis：MB）で，培養後2〜7日で観察される。しかし，潜在性感染から分離するには Hayflick の液体培地での増菌培養が必要である。

また，培養法のほかにPCR法などによる分子生物学的手法がある。従来，菌種同定の補助的診断技術として位置づけられてきたが，生産現場での迅速な対応が求められる中で，現在では感染個体の把握や牛群の管理に最も広く用いられている。採材後，3〜4日程度で感染個体を特定することが可能であり，さらに菌種同定も短時間で実施できることから，個体乳の検査にとどまらず，農場の感染状況を把握するために実施するバルクタンクスクリーニングにも用いられている（第5章参照）。

(2) 病態

乳房への感染が起きると，同じ個体の未感染分房へも数日のうちに感染が広がり，著しい乳房の腫脹と硬結，泌乳停止に陥るような激しい乳房炎の症状を呈するようになる。臨床型乳房炎では，抗菌剤治療の効果が低く，血液寒天培地で培養しても有意な菌が分離されない症例が増えてから Mycoplasma spp. の感染に気付くことが多い。

乳汁は乳白色から水様を呈し，著しい凝塊を含む。しかし，高熱を発熱しているとき以外は，食欲低下などの全身症状はさほど見られないのが特徴である。高度伝染性を示し，感染乳汁から搾乳機器，手，衣類，または悪露などを介し，急速に伝播が起こる。

(3) 治療および予防

感染牛が認められた場合は，まずは一刻も早く感染牛を隔離することが重要である。臨床型乳房炎は，あまり治療効果が期待できないので淘汰する。次に全頭全分房の培養検査を行い，ほかの潜在性保菌牛を摘発する。その場合，培養法だけでは結果が出るのに時間を要するため，PCR法で早期に感染牛を摘発し，後に培養法で確認するような，PCR法と培養法を併用した防除対策を行うことが重要である［8］。潜在性感染の場合は，5日間のフルオロキノロン系の抗菌剤の全身投与とOTCの乳房炎軟膏の注入を行う［14］。治療後は，再度乳汁の培養にて Mycoplasma spp. が検出されなくなったことを確認して治癒を判断する。その後は，2週間おきにバルク乳の培養検査でモニターをしながら分娩牛を随時検査する。Mycoplasma spp. は伝染力が強いことから，早期かつ厳格に感染牛の摘発と治療，隔離を行うことが大切である。

10. 未経産乳房炎

　未経産牛は，酪農家にとってこれからの乳生産を担う大切な候補牛であり，それらを健康に育成することは酪農を安定経営する上でとても重要である。未経産牛の潜在能力を分娩後の乳生産に大いに反映させるためには，個体の健康とそれを支える快適な育成環境が重要である。

　未経産乳房炎は，未経産牛が罹患する種々の感染症の中でも，分娩後の乳生産に直接打撃を与える重要な疾病である。未経産牛の置かれる環境は，酪農家において子牛のころから育成されそのまま分娩を迎えて経産牛となる場合，町営牧場や預託業者に育成を預け分娩間近に農家に戻ってくる場合，市場やほかの牧場から導入する場合とさまざまである。したがって，地域全体で予防に対する意識をもたなければ感染リスクを減らすことは困難といえる。

(1) 発生の要因

　未経産乳房炎は，以前は Summer mastitis とも呼ばれ，夏季に多発するとして認知されてきたが，今では冬期を含め年間を通して発生が認められている。未経産乳房炎の原因には，微生物の昆虫による媒介や，乳房・乳頭への物理的刺激や外傷，病牛や菌汚染材料との接触などの外的要因や，鼻腔，結膜，扁桃，膿瘍にみられる原因菌による内的要因があるといわれている。原因菌の種類は，主にツルペレラ・ピオゲネス（*Trueperella pyogenes*：TP），SA，CNS，*Streptococcus* spp. などが報告されている [25]。

(2) 病態と診断

　臨床症状は，乳房の腫脹，硬結，熱感などの局所のみの症状を示すものが多い。しかし，ときには強い全身症状を示すこともある。未経産乳房炎は経産牛の乳房炎に比較して乳房の発育が未熟なことや発見が遅れがちであることなどから，治療への反応を悪くしているといわれている。特に妊娠7カ月までの乳腺組織は，乳房の発達が不十分で，扁平感のあるものや乳頭が小さいものなどが多く，搾乳困難のため治癒が困難となる。

　未経産乳房炎の診断において注意すべき点は，まず乳房の腫脹である。腫脹が特定の乳房に限定しているか，また乳房の硬さを見ることが重要である。乳房炎に罹患している分房は，大きく腫大しているばかりでなく，硬く弾力性に乏しい。

　また，一部の草を採食することにより引き起こされる"魔乳"と類症鑑別することも重要である。魔乳の場合は，多くの場合4分房とも均等に腫脹するが弾力性に富み，乳頭からの分泌液は漿液様であるため鑑別は容易である。

　乳房炎の最終的な診断は，乳汁の性状と細菌培養検査によって判断することが望ましい。病状が進み，感染後長期間経過している乳房は，乳頭内乳槽が狭小になり筋状のものが上下に触れたり，乳頭口が炎症により閉鎖され盲乳になることがある。このような状態になったものは予後が期待できない。

　一般的に未経産の健常な牛の体細胞数は，500万個/mL以上といわれている [25]。それが乳房炎に罹患すると1000〜2000万個/mL以上にも上昇することがある。多くの酪農家は，未経産牛には乳房炎の罹患はないと考えているため，分娩時もしくは泌乳初期に臨床型乳房炎が発生するまで気付かない場合が多い。これが未経産乳房炎の治療を遅らせ，慢性化を進行させて，分娩後の潜在泌乳能力を大きく低下させる原因となっている。

(3) 治療および予防

　未経産乳房炎の治療は，一般的に分娩予定8週前までの場合，乾乳用軟膏を注入することが望ましい。未経産牛の乳房は，経産牛に比較して容積が小さいことから，治療効果が高く，

SA感染においても治癒率は90％以上といわれている[25]。治療の際には，軟膏注入時の汚染を避けるために，①軟膏注入前に異常乳を搾り捨てる，②乳頭を消毒用タオルで清拭し，消毒用アルコール綿で乳頭口を十分に拭いてからパーシャルインサーション（先端2～3 mmに軟膏を挿入）にて注入，③殺菌効果の認められている消毒薬でディッピングする，という工程を取ることが重要である[25]。泌乳期用乳房炎軟膏により治療する方法もあるが，乾乳用軟膏と比較し治癒率が低下することから，その使用は分娩直前に発見された場合やCNSなどが原因の乳房炎に限定すべきである。

そのほか，未経産乳房炎を低減する一般的な技術として，分娩前の微量ミネラルの投与がある。分娩3週間前のビタミンEとセレンの投与は分娩後の臨床型乳房炎の発症を抑えることが知られている[25]。また，海外では市販のSAワクチンによりSAの新規感染が予防できることが明らかにされており[25]，日本でも今後の開発が望まれる（第4章参照）。また，衛生害虫を駆除し，乳頭にかさぶたや擦り傷を作らないように，殺虫作用のある耳タグを両耳に装着したり，子牛同士の吸い合いを防止するなどの工夫が必要である。

References

[1] 有田忠義．1991．牛の乳房炎：臨床と効果的な治療．緑書房／チクサン出版社．東京．

[2] Corbellini, L. G., Driemeier, D., Cruz, C., Dias, M., M. and Ferreiro, L. 2001. Bovine mastitis due to *Protheca zopffi*: clinical, epideminolgcal and pathological aspects in a Brazilian dairy herd. *Trop. Anim. Health. Prod.* **33**: 463-470. doi: 10.1023/A:1012724412085

[3] Costa, E. O., Melville, P. A., Ribeiro, A. R., Watanabe, E. T. and Parolari, M. C. 1997. Epidemiologic study of environmental sources in a *Prototheca zopfii* outbreak of bovine mastitis. *Mycopathologia*. **137**: 33-36. doi: 10.1023/A:1006871213521

[4] Frank, N., Ferguson, L. C., Cross, R. F. and Redman, D. R. 1969. Prototheca, a cause of bovine mastitis. *Am. J. Vet. Res.*, **30**: 1785-1794.

[5] Gillespie, B. E., Moorehead, H., Lunn, P., Dowlen, H. H., Johnson, D. L., Lamar, K. C., Lewis, M. J., Ivey, S. J., Hallberg, J. W., Chester, S. T. and Oliver, S. P. 2002. Efficacy of extended pirlimycin hydrochloride therapy for treatment of environmental *Streptococcus* spp and *Staphylococcus aureus* intramammary infections in lactating dairy cows. *Vet. Ther.* **3**: 373-380.

[6] 函城悦司，島田保昭，岡田啓延，久米常夫，田淵清．1982．乳牛の壊疽性乳房炎に関する研究；Ⅲ．リムルステストによるエンドトキシンの検出．日獣会誌，**35**：330-334．

[7] Hayashi, T., Sugita, T., Hata, E., Katsuda, K., Zhang, E., Kiku, Y., Sugawara K., Ozawa, T., Matsubara, T., Ando, T., Obayashi, T., Itoh, T., Yabusaki, T., Kudo, K., Yamamoto, H., Koiwa, M, Oshida, T., Tagawa, Y. and Kawai K. 2013. Molecular-Based Identification of Yeasts Isolated from Bovine Clinical Mastitis in Japan. *J. Vet. Med. Sci.*, **75**: 387-390. doi: 10.1292/jvms.12-0362

[8] Higuchi, H., Iwano, H., Kawai, K., Ohta, T., Obayashi, T., Hirose, K., Ito, N., Yokota, H., Tamura, Y. and Nagahata, H. 2011. A simplified PCR assay for fast and easy mycoplasma mastitis screening in dairy cattle. *J. Vet. Sci.*, **12**: 191-193. doi: 10.4142/jvs.2011.12.2.191

[9] Hillerton, J. E. and Kliem, K. E. 2002. Effective treatment of *Streptococcus uberis* clinical mastitis to minimize the use of antibiotics. *J. Dairy Sci.* 2002. **85**: 1009-1014. doi: 10.3168/jds.S0022-0302(02)74161-1

[10] 平井網雄，河合一洋，三木渉，蔵本忠，下夕村圭一，瀬尾洋行，堀川敏夫，斧田稔行．2002．黄色ブドウ球菌による潜在性乳房炎の泌乳期治療．家畜診療．**49**：459-462．

[11] 河合一洋，角真次，鬼頭宗寛，三田村隆，永幡肇，内田郁夫，廣瀬和彦．2008．緑膿菌乳房炎多発牛群における微酸性電解水を利用した防除対策．平成19年度日本獣医師会学会年次大会要旨集．

[12] 河合一洋, 賀山高, 三木渉, 飯島良朗, 菅谷竜二, 姜栄鉄, 杉村弘子, 池田輝雄. 1999. *Prototheca zopfii* を原因とする牛乳房炎の集団発生例（2）感染牛に対する治療効果. 第127回日本獣医学会学術集会要旨集.

[13] 工藤克典, 小岩政照, 松尾直樹, 南保範, 星明, 安藤達哉, 川島明夫. 1994. 急性乳房炎牛における血小板凝集能の変化とその治療方法. 家畜診療. **369**: 7-13.

[14] 草場信之. 2010. 牛マイコプラズマ性乳房炎に挑む：北海道における牛マイコプラズマ性乳房炎の現状. 臨床獣医. **28**(6): 12-15.

[15] Lassa, H., Jagielski, T. and Malinowski, E. 2011. Effect of different heat treatments and disinfectants on the survival of *Protheca zopffi*. *Mycopathologia* **171**: 177-182. doi: 10.1007/s11046-010-9365-7

[16] Mastits Control. 2005. 十勝乳房炎協議会. 北海道.

[17] Mastitis Control 2nd ed. 2014. 十勝乳房炎協議会. 北海道.

[18] McDonald, J. S., Richard, J. L. and Anderson, A. J. 1984. Antimicrobial susceptibility of *Protheca zopffi* isolated from bovine intramammary infections. *Am. J. Vet. Res.* **45**: 1079-1080.

[19] 三木渉, 河合一洋, 大林哲, 安里章. 2002. *Staphylococcus aureus* 乳房炎乳牛に対するタイロシンの乾乳直前時治療の効果. 家畜診療. **49**: 19-24.

[20] 森本和秀, 清水和, 黒瀬智泰, 中谷啓二, 秋田真司, 篠塚康典, 磯部直樹. 2008. 下痢予防用大腸菌不活化ワクチンの接種による乳房炎死廃事故低減効果. 広島県獣医学会雑誌. **24**: 5-9.

[21] 森谷浩明, 布施勝利. 1990. 牛と真菌：酵母様真菌に起因するウシ乳房炎の発生状況とナイスタチンによる治療. 臨床獣医. **8**: 53-60.

[22] 西川晃豊. 2009. 乳牛の大腸菌群による甚急性乳房炎の病態生理に基づく治療. 家畜診療. **56**: 481-488.

[23] Oliver, S. P., Almeida, R. A., Gillespie, B. E., Ivey, S. J., Moorehead, H., Lunn, P., Dowlen, H. H., Johnson, D. L. and Lamar, K. C. 2003. Efficacy of extended pirlimycin therapy for treatment of experimentally *Streptococcus uberis* intramammary infections in lactating dairy cattle. *Vet. Ther.* **4**: 299-308.

[24] Philpot, W. N. 1978. *in* Mastitis Management, pp.1-72, Babson Bros. Co.

[25] Philpot, W. N. and Nickerson, S. C. 2000. Winning the Fight Against Mastitis. Westfalia-Surge Inc., Naperville, IL.

[26] Rösler, U. and Hensel, A. 2003. Eradication of *Protheca zopfii* infection in a dairy cattle herd. *Dtsch Tierarztl Wochenschr.* **110**: 374-377.

[27] Sears, P. M., Fettinger, M. and Marsh-Salin, J. 1987. Isolation of L-form variants after antibiotic treatment in *Staphylococcus aureus* bovine mastitis. *J. Am. Vet. Med. Assoc.* **191**: 681-684.

[28] Sears, P. M., Smith, B. S., English, P. B., Herer, P. S. and Gonzalez, R. N. 1990. Shedding patterns of *Staphylococcus aureus* from bovine intramammary infections. *J. Dairy Sci.* **73**: 2785-2789.

[29] 篠塚康典. 2008. 乳牛の大腸菌性乳房炎に対する初回治療時抗生物質無投与療法の検討. 家畜診療. **55**: 501-509.

[30] Shinozuka, Y., Hirata, H., Ishibashi, I., Okawa, Y., Kasuga, A., Takagi, M. and Taura, Y. 2009. Therapeutic efficacy of mammary irrigation regimen in dairy cattle diagnosed with acute coliform mastitis. *J. Vet. Med. Sci.*, **71**: 269-273. doi: 10.1292/jvms.71.269

[31] 杉山美恵子. 2013. 乳牛の *Klebsiella pneumoniae* による甚急性乳房炎の診断と治療方法の検討. 家畜診療. **60**: 265-270.

[32] 杉山美恵子, 園部隆久, 谷口只敏, 井原晴喜, 豊田洋治, 佐々木金裕. 2003. 乳牛の酵母様真菌による臨床型乳房炎に関する考察. 家畜診療. **479**: 365-371.

[33] 鈴木一由, 大塚誠, 荻野祥樹, 味戸忠春, 角田映二, 岩淵成. 1997. 7.2%高張食塩水が有効であったエンドトキシン血症を伴った急性乳房炎の1例. 家畜診療. **411**: 43-47.

[34] 高桑一雄. 1977. 乳房炎治療のための外陰部動脈穿刺法. 家畜診療. **169**: 30-31.

[35] 谷拓海, 西川晃豊. 2013. 乳用牛に対する下痢予防ワクチン接種が大腸菌性乳房炎による生産性へ与える影響. MPアグロジャーナル7月号. pp.10-12.

[36] Tulkens, P. M. 1991. Intracellular distribution and activity of antibiotics. *Eur. J. Clin. Microbiol. Infect. Dis.*, **10**: 100-6. doi: 10.1007/BF01964420

[37] Tyler, J. W., De Graves, F. J., Erskine, R. J., Riddell, M. G., Lin, H. C. and Kirk, J. H. 1994. Milk production in cows with endotoxin-induced mastitis treated with isotonic or hypertonic sodium chloride solution. *J. Am. Vet. Med. Assoc.*, **204**: 1949-1952.

[38] 植田季夫. 1982. 乳房炎治療における動脈注射法について. 家畜診療. **227**: 39-40.

第4章 乳房炎の治療・予防戦略の新展開

Executive Summary

1. 潜在性，慢性乳房炎の対策として，ラクトフェリン（LF）加水分解物の乳房内投与による体細胞数低減効果が認められている。
2. 乾乳前期におけるLFの乳房内投与により，分娩後の乳房炎予防効果が認められている。
3. サイトカイン療法では，主として組換え型インターロイキン-8および顆粒球・マクロファージコロニー刺激因子（GM-CSF）の乳房内投与が乳房炎治療において一定の効果を発揮する可能性が示唆されている。
4. 乳房炎に対してバクテリオファージ（ファージ）は十分な治療効果が得られないとの報告もあるものの，有効なファージ株の探索や乳期を考慮した治療技術の構築などにより，それらが大きく改善される可能性が示唆されている。
5. 大腸菌性乳房炎に対するワクチンについては，海外においてJ5ワクチンを中心に野外試験が実施されている。血清抗体価の上昇や生乳における大腸菌数の減少といった効果を誘導するものの，臨床学的な効果については試験設定により異なる点も多く，検討の余地が残されている。
6. 黄色ブドウ球菌（*Staphylococcus aureus*：SA）に対するワクチンについては，海外において初産牛で新規乳腺感染を減少させること，抗菌剤による治療効果が3倍以上にまで上昇することが報告されている。
7. マイコプラズマ性乳房炎に対するワクチンは未だ開発されていない。呼吸器感染症については複数のワクチンが開発されているが，有効性については確認されていない。これはマイコプラズマの微生物学的特性に起因するものと考えられている。

Literature Review

1. 抗菌剤に代わる乳房炎治療法

　乳房炎の治療は，現在でそのほとんどが抗菌剤の治療によるものであり，治療に反応しない症例は慢性化して牛群全体の乳質を低下させる大きな原因となっている。また抗菌剤治療後の残留事故が未だ散見されることや，抗菌剤の不適切な使用による薬剤耐性菌の出現の問題などもあり，食の安全・安心や薬剤耐性菌の観点から，抗菌剤に対する適正使用が強く求められて

いる。そのような状況の中で，近年では抗菌剤に頼らない治療法が注目され，研究が進められている。非特異性生理活性物質であるLF，顆粒球・マクロファージコロニー刺激因子（granulocyte macrophage colony-stimulating factor：GM-CSF）などのサイトカイン，ファージなどがそれにあたる。

(1) ラクトフェリン

ラクトフェリン（LF）は，ミルク，涙，粘液，血液および唾液などの多くの体内分泌物中に存在する689個のアミノ酸から構成される分子量約80 kDaの糖タンパク質である［39, 43］。LFは従来，鉄結合性糖タンパク質として鉄をキレートすることによって，鉄要求性の高い微生物の鉄利用を妨げ，細菌の増殖を抑制することが広く知られていた［8, 42, 51］。しかし近年では，ほかに直接的な殺菌作用［3-5, 19, 23］，抗ウイルス作用［16, 24, 29, 48, 54］，免疫調節作用［7, 9, 30, 55］，消化管侵入病原体の増殖抑制［50］，酸化防止作用［6, 9］など多くの作用を有することが明らかにされている。

乳牛の乾乳期には，乳汁中LF濃度が上昇し，乳腺内侵入細菌の増殖を抑制するなど，乳房炎原因菌の感染防御にも重要な役割を果たしている［33, 52］。また泌乳期においては，分娩直前より乳汁中LF濃度が低下することから，分娩直後の乳房炎発症に大きく関わっているものと考えられている［31, 33, 52］。

近年，世界で初めて乳房炎予防薬としてのLF製剤が日本で承認された。この製剤は，乾乳期に乳房内投与することにより，分娩後の乳房炎の発生を予防しようというものである［18］。泌乳期の治療では，Kawaiらが泌乳期中のLFの動態や抗菌活性，免疫調節作用を解明し［15, 20, 21, 23］，LF加水分解物（LFH）による潜在性乳房炎に対する治療効果を報告している［22］。この報告では，牛潜在性乳房炎罹患牛に対してLFHを乳房内注入し，乳房内の原因菌の動態，体細胞数がどのように変化するかを検討した。臨床症状がなく体細胞数が30万個/mL以上の潜在性乳房炎牛37頭50分房を供試し，そのうち25頭35分房に対してLFHを朝夕搾乳後1回ずつ2日間，乳頭口より乳房内に注入し，残りの12頭15分房に対しては，対照群として生理食塩水を朝夕搾乳後1回ずつ2日間，同様に乳房内に注入した。その結果，LFH投与群は，投与後体細胞数が一時的に上昇したものの，投与7日目には投与前より低値を示し（**図4-1**），すべての菌種において投与後14日目には原因菌が消失した（**図4-2**）。今後は，このような抗菌剤に代替し得る生理活性物質の応用も研究されていくものと考えられる。

(2) サイトカイン

バイオ医薬品としてのサイトカインの有効性については，独立行政法人農業・食品産業技術総合研究機構 動物衛生研究所においてさまざまな先進的研究が進められている［27, 38］。

菊らは，遺伝子組換え型ウシ顆粒球・マクロファージコロニー刺激因子（rbGM-CSF）を乳房内に投与し，マクロファージや好中球を刺激することでその増殖や分化の促進を図り，乳房炎を治療する試みを行っている［25, 26］。サイトカインは抗菌活性を持たないが，乳腺の生体防御機能を増強することで，病原微生物を効果的に排除することが期待される。組換え型インターロイキン-8（rbIL-8）および組換え型GM-CSF（rbGM-CSF）をSA性乳房炎の治療に適用（乳房内投与）した試験では，乳房炎指標であるカリフォルニア マスタイティス テストのスコアがいずれのサイトカインにおいても有意に減少し，乳房炎の治療効果が期待された。さらに，単球およびリンパ球への作用を詳細に解析した結果から，rbGM-CSFがrbIL-8よりも高い治療効果が期待されることも示唆されている（**表4-1**）。

サイトカイン療法については今後さらなる臨

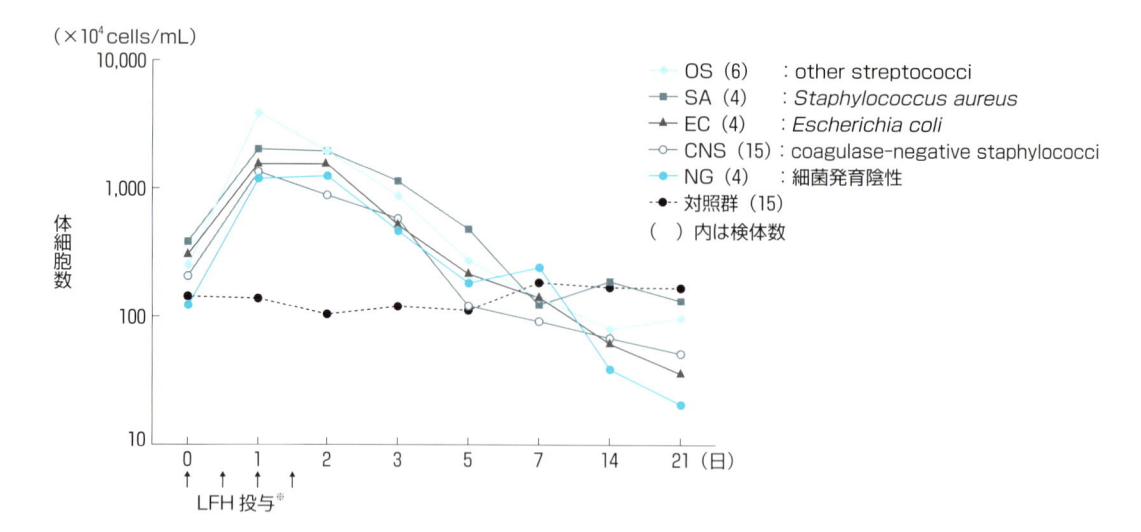

図 4-1　LFH 投与後の原因菌別乳房炎罹患牛における体細胞数の推移
※ラクトフェリン加水分解物（LFH）7％タンパク濃度，7 mL/ 回投与

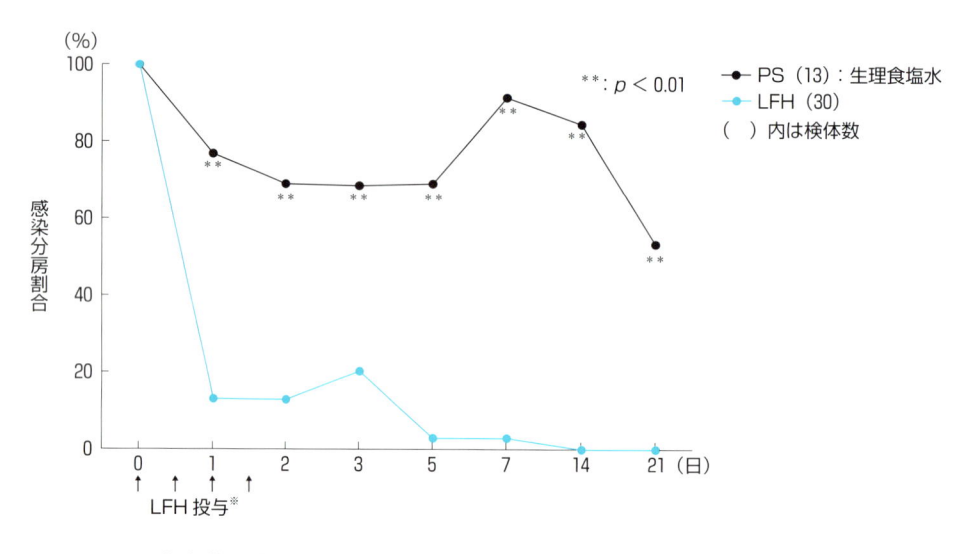

図 4-2　LFH 投与後の乳房炎感染分房の推移
※ラクトフェリン加水分解物（LFH）7％タンパク濃度，7 mL/ 回投与

床治験の蓄積が必要であるとともに，製剤化に向け大量生産技術の開発なども課題としてある。サイトカインの乳房炎に対する治療効果については，日本国内で先進的な研究が進められており，世界的な実用化に向け今後の研究展開が期待される。

(3) ファージ

ファージはウイルスに分類される微生物の一種で，ペニシリン（PC）よりも 14 年早い 1915 年に発見された [11]。細菌に対して種特異的に吸着し，自身が持つ遺伝情報を細菌に注入することで，それらの効率的な複製を可能として

表 4-1　サイトカイン投与前および投与後効果判定時の CMT スコアならびにその比率　　平均±標準偏差

サイトカイン	CMT スコア 投与前	CMT スコア 投与後	投与前の CMT スコアを 1 としたときの投与後のスコア
rbGM-CSF	2.00 ± 0.37	0.83 ± 0.40	0.39 ± 0.18
rbIL-8	2.22 ± 0.28	1.22 ± 0.40	0.48 ± 0.17
対照（PBS）	2.00 ± 0.20	2.05 ± 0.18	1.10 ± 0.08

CMT スコア：乳房炎簡易診断基準，rbGM-CSF：遺伝子組換えウシ顆粒球・マクロファージコロニー刺激因子，rbIL-8：組換え型インターロイキン-8，PBS：リン酸緩衝生理食塩水

いる。菌体内で合成されたファージは溶菌性物質を産生することで菌体外に遊出する。この過程においてホストとなる細菌は殺滅されるため，ファージは新たな抗菌性物質として注目されている。

米国では，米国食品医薬品局（FDA）が 2006 年にリステリア菌に対するファージ製剤について，チーズなどの食品加工段階での使用を認めている [1]。乳房炎治療に関する基礎的研究として O'Flaherty ら [36] は，主要な乳成分である乳タンパク質や乳脂肪がファージと細菌の接触自体を阻害し，十分な抗菌活性の発現が困難であることを報告している。2006 年には Gill ら [13] が SA に感染した乳房内にファージを注入した場合，乳房炎の治癒率は 16.7％であることを報告し，乳房炎治療への応用にさらなる検討が必要であると報告している。しかし一連の研究には，標準的な株化ファージ（バクテリオファージ K）が用いられていることや，泌乳期の牛が試験に用いられるなど，研究結果の解釈において考慮しなければならない課題も多く残されている。

現在，国内でも乳房炎の主要菌種（菌株）に特異性を有するファージ（野外株）の探索が積極的に実施されており，また乳期を考慮した治療技術の確立についても検討されていることから，将来的な応用が強く期待される。

2. 海外における乳房炎ワクチンの概要

(1) 大腸菌性乳房炎ワクチン

1985 年に大腸菌変異株（*Escherichia coli* O111:B4 rough mutant J5; J5）に対する抗血清が大腸菌による致死的感染を防御すること，また誘導される抗体は J5 のリポ多糖（Lipopolysaccharide：LPS）に対して特異的であることがマウスを用いた実験で報告された [44]。これら実験動物で得られた一連の研究知見を基礎とし，ウシにおいて大腸菌乳房炎に有効なワクチンの開発が始まった。

González ら [14] はカリフォルニアの 2 農場を対象に，乾乳時に 2 回，分娩時に 1 回の J5 ワクチン投与を実施したところ，ワクチン接種群での大腸菌性乳房炎の発生率が 2.4％であったのに対し，非接種群では 12.1％であり，特に分娩後 3 カ月において J5 ワクチンが大腸菌性乳房炎の自然発症例に対し防御効果を有することを報告している。

また，Erskine らによると 2 産以上の 1,012 頭のホルスタイン種牛を用いた試験では，J5 ワクチンの投与が血清中の抗 J5 抗体（IgG2）濃度の上昇と重度の臨床型乳房炎の発生を減少させるものの，それらの生存率に差が認められなかったことを明らかにしている [12]。

これに対し，Tomita らが行った 3 回のワク

チン接種後，大腸菌を実験的に乳房内に接種した試験では，対照群に比較しワクチン投与群で乳汁中の菌数が低値を示すことや，乳汁や血清において IgG1 および IgG2 の上昇が有意に認められるものの，臨床症状や乳汁体細胞数に対し明確な効果は発現しないことが報告されている [49]。

J5 ワクチンの効果については世界的に多くの基礎研究および臨床研究が行われているが，その効果については未だ不確実な部分が多く，今後十分な学術的知見の構築が期待される（国内事情は第 3 章を参照）。

(2) 黄色ブドウ球菌性乳房炎ワクチン

黄色ブドウ球菌（SA）のワクチンは主としてバクテリンを抗原としたものが多く，特に初産牛において新規乳腺感染を減少させることが報告されている [34, 37]。また，SA による慢性型乳房炎では抗菌剤単独投与での治癒率が 22％（分房）であったのに対し，ワクチンを併用することで，その治癒率は 78％まで上昇することが示されている [46]。

近年，ヨーロッパで開発されたワクチン（STARTVAC®，HIPRA 社），について生産農場での評価が行われている。これらは SA の菌体外多糖（exopolysaccharides）を抗原としている [17, 40]。菌体外多糖はバイオフィルムの構成成分の 1 つであり，生体への定着を促進するとともに，免疫および薬物からの物理的回避に必要とされる成分である。Schukken ら [45] は SA とコアグラーゼ陰性ブドウ球菌（coaglase-negative staphylococci：CNS）の乳腺感染における STARTVAC® の効果について 2 つの農場を用い 21 カ月間にわたり評価しており，ワクチン接種は SA の感染拡大を 45％抑制し，同様に CNS でも 35％の効果を示すことを明らかにした。また興味深いことに，初産牛は 3 産以上の群に比較し有意に高い効果が得られることも示している。

これらは，本ワクチンが Staphylococcus spp. による乳房炎の発生と感染拡大を抑制することを明らかにした知見であるが，ワクチンの利用においては「正しい搾乳手順や適切な治療および淘汰がその効果を引き出すために重要である」との記載があり，多因子性疾患としての制圧の難しさも同時に示されている [45]

(3) マイコプラズマ性乳房炎ワクチン

現在，牛肺疫以外，牛マイコプラズマ感染症に対し学術的に明確な効果を有するワクチンは確認されていない。

Mycoplasma spp. の呼吸器感染症に対するワクチン開発について Soehnlen ら [47] は 2 農場においてマイコプラズマ・ボビス（Mycoplasma bovis：MB）由来バクテリンを抗原としたワクチンを子牛に投与したが呼吸器疾患において明確な効果は確認されなかった。また，MB の膜画分を抗原としたワクチンをフィードロットで検証したところ，液性免疫は強く誘導されるものの，実験感染において有効な感染防御能は確認されなかった [32]。MB のハウスキーピング遺伝子であるグリセルアルデヒド 3 リン酸脱水素酵素（glyceraldehyde 3-phosphate dehydrogenase：GAPDH）を用いた試験でも，先の研究成果と同様，液性免疫は強く誘導されるものの実験感染を防ぎ得ないことを報告している [41]。

長い歴史の中でも Mycoplasma spp. に対するワクチン開発が困難である理由として，膜抗原である variable surface lipoprotein がその構造を持続的に変化させて免疫回避を行うこと [35]，バイオフィルムの形成により MB に誘導される抗体や白血球の作用が物理的に阻害されること [28]，さらに MB がリンパ球系細胞に侵入しその機能を抑制すること [4] などが挙げられている。

References

[1] Anany, H., Chen, W., Pelton, R. and Griffiths, M. W. 2011. Biocontrol of *Listeria monocytogenes* and *Escherichia coli* O157: H7 in meat by using phages immobilized on modified cellulose membranes. *Appl. Environ. Microbiol.* **77**: 6379-6387. doi: 10.1128/AEM.05493-11

[2] Arnold, R. R., Cole, M. F. and Gauthier, J. J. 1980. Bactericidal activity of human lactoferrin sensitivity of a variety of microorganisms. *Infect. Immun.* **28**: 893-898.

[3] Bellamy, W., Takase, M., Yamaguchi, K., Wakabayashi, H., Kawase, K. and Tomita, M. 1992. Identification of the bactericidal domain of lactoferrin. *Biochim. Biophys. Acta* **1121**: 130-136. doi: 10.1016/0167-4838(92)90346-F

[4] Bennett, R. H. and Jasper, D. E. 1978. Bovine mycoplasmal mastitis from intramammary inoculations of small numbers of *Mycoplasma bovis*: Microbiology and pathology. *Vet. Microbiol.* **2**: 341-355.

[5] Bortner, C. A., Miller, R. D. and Arnold, R. R. 1986. Bactericidal effect of lactoferrin on *Legionella pneumophila*. *Infect. Immun.* **51**: 373-377.

[6] Britigan, B. E., Hassett, D. J., Rosen, G. M., Hamill, D. R. and Cohen, M. S. 1989. Neutrophil degranulation inhibits potential hydroxyl-radical formation. Relative impact of myeloperoxidase and lactoferrin release on hydroxyl-radical production by iron- supplemented neutrophils assessed by spin-trapping techniques. *Biochem. J.* **264**: 447-455.

[7] Brock, J. 1995. Lactoferrin: a multifunctional immunoregulatory protein? *Immunol. Today* **16**: 417-419. doi: 10.1016/0167-5699(95)80016-6

[8] Bullen, J. J., Rogers, H. J. and Leigh, L. 1972. Iron-binding proteins in milk and resistance to *Escherichia coli* infections in infants. *Br. Med. J.* **1**: 69-75.

[9] Cohen, M. S., Mao, J., Rasmussen, G. T., Serody, J. S. and Britigan, B. E. 1992. Interaction of lactoferrin and lipopolysaccharide (LPS): Effects on the antioxidant property of lactoferrin and the ability of LPS to prime human neutrophils for enhanced superoxide formation. *J. Infect. Dis.* **166**: 1375-1378.

[10] Costa, E. O., Melville, P. A., Ribeiro, A. R., Watanabe, E. T. and Parolari, M. C. 1997. Epidemiologic study of environmental sources in a *Prototheca zopfii* outbreak of bovine mastitis. *Mycopathologia* **137**: 33-36. doi: 10.1023/A:1006871213521

[11] d'Herelle, F. Bacteriophage as a Treatment in Acute Medical and Surgical Infections. 1931. *Bull. N. Y. Acad. Med.* **7**: 329-348.

[12] Erskine, R. J., VanDyk, E. J., Bartlett, P. C., Burton, J. L. and Boyle, M. C. 2007. Effect of hyperimmunization with an Escherichia coli J5 bacterin in adult lactating dairy cows. *J. Am. Vet. Med. Assoc.* **231**: 1092-1097.

[13] Gill, J. J., Sabour, P. M., Leslie, K. E. and Griffiths, M. W. 2006. Bovine whey proteins inhibit the interaction of *Staphylococcus aureus* and bacteriophage K. *J. Appl. Microbiol.* **101**: 377-386. doi: 10.1111/j.1365-2672.2006.02918.x

[14] González, R. N., Cullor, J. S., Jasper, D. E., Farver, T. B., Bushnell, R. B. and Oliver, M. N. 1989. Prevention of clinical coliform mastitis in dairy cows by a mutant *Escherichia coli* vaccine. *Can. J. Vet. Res.* **53**: 301-305.

[15] Hagiwara, S., Kawai, K., Anri, A. and Nagahata, H. 2003. Lactoferrin concentration in milk from normal and subclinical mastitic cows. *J. Vet. Med. Sci.* **65**: 319-323.

[16] Harmsen, M. C., Swart, P. J., de Béthune M. P., Pauwels, R., De Clercq, E., The, T. H. and Meijer, D. K. 1995. Antiviral effects of plasma and milk proteins: lactoferrin shows potent activity against both human immunodeficiency virus and human cytomegalovirus replication *in vitro*. *J. Infect. Dis.* **172**: 380-388.

[17] Harro, J. M., Peters, B. M., O'May, G. A., Archer, N., Kerns, P., Prabhakara, R. and Shirtliff, M. E. 2010. Vaccine development in *Staphylococcus aureus*: Taking the biofilm phenotype into consideration. *FEMS Immunol. Med. Microbiol.* **59**: 306-323. doi: 10.1111/j.1574-695X.2010.00708.x

[18] Kai, K., Komine, Y., Komine, K., Asai, K., Kuroishi, T., Kozutsumi, T., Itagaki, M., Ohta, M. and Kumagai, K. 2002. Effects of bovine lactoferrin by the intramammary infusion in cows with staphylococcal mastitis during the early non-lactating period. *J. Vet. Med. Sci.* **64**: 873-878. doi: 10.1292/jvms.64.873

[19] Kalmar, J. R. and Arnold, R. R. 1988. Killing of *Actinobacillus actinomycetemcomitans* by human lactoferrin. *Infect. Immun.* **56**: 2552-2557.

[20] Kawai, K., Hagiwara, S., Anri, A. and Nagahata, H. 1999. Lactoferrin concentration in milk of bovine clinical mastitis. *Vet. Res. Commun.* **23**: 391-398.

[21] Kawai, K., Korematsu, K., Akiyama, K., Okita, M.,Yoshimura, Y. and Isobe, N. 2014. Dynamics of lingual antimicrobial peptide, lactoferrin concentrations and lactoperoxidase activity in the milk of cows treated for clinical mastitis. *Anim. Sci. J.* **86**: 153-158. doi: 10.1111/asj.12269

[22] Kawai, K., Nagahata, H., Lee, N-Y., Anri, A. and Shimazaki, K. 2003. Effect of infusing lactoferrin hydrolysate into bovine mammary glands with subclinical mastitis. *Vet. Res. Commun.* **27**: 539-548. doi: 10.1023/A:1026039522286

[23] Kawai, K., Shimazaki, K., Higuchi, H. and Nagahata, H. 2007. Antibacterial activity of bovine lactoferrin hydrolysate against mastitis pathogens and its effect on superoxide production of bovine neutrophils. *Zoonoses and Public Health*, **54**: 160-164. doi: 10.1111/j.1863-2378.2007.01031.x

[24] Kawasaki, Y., Isoda, H., Shinmoto, H., Tanimoto, M., Dosako, S., Idota, T. and Nakajima, I. 1993. Inhibition by kappa-casein glycomacropeptide and lactoferrin of influenza virus hemagglutination. *Biosci. Biotechnol. Biochem.* **57**: 1214-1215.

[25] Kiku, Y., Ozawa, T., Inumaru, S., Kushibiki, S., Hayashi, T. and Takahashi, H. 2008. Effect of intramammary injection of liposomal RbGM-CSF on milk and peripheral blood mononuclear cells of subpopulation in Holstein cows with naturally infected-subclinical mastitis. pp.60. *In*: Mastitis control from SCIENCE TO PRACTICE, section4; Resistance, Wageningen Academic Publishers.

[26] 菊佳男. 2013. サイトカインを利用した新たな乳房炎治療技術の開発. 北海道獣医師会雑誌. **57**. 83-87.

[27] 菊佳男，水野恵，尾澤知美，松原朋子，櫛引史郎，新宮博行，犬丸茂樹，林智人. 2011. 遺伝子組換え牛 GM-CSF 乳房内投与により治療効果を示す黄色ブドウ球菌性乳房炎罹患牛の臨床病理学的特徴. 日本乳房炎研究会報. **15**：29-32.

[28] Kirk, J. H., Glenn, K., Ruiz, L. and Smith, E. 1997. Epidemiologic analysis of *Mycoplasma* spp. isolated from bulk tank milk samples obtained from dairy herds that were members of a milk cooperative. *J. Am. Vet. Med. Assoc.* **211**: 1036-8.

[29] Marchetti, M., Pisani, S., Antonini, G., Valenti, P., Seganti, L. and Orsi, N. 1998. Metal complexes of bovine lactoferrin inhibit *in vitro* replication of herpes simplex virus type 1 and 2. *Biometals* **11**: 89-94. doi: 10.1023/A:1009217709851

[30] Mattsby-Baltzer, I., Rdseanu, A., Motas, C., Elverfors, J., Engberg, I. and Hanson, L. A. 1996. Lactoferrin or a fragment thereof inhibits the endotoxin-induced interleukin-6 response in human monocytic cells. *Pediat. Res.* **40**: 257-262. doi: 10.1203/00006450-199608000-00011

[31] McDonald, J. S. and Anderson, A. J. 1981. Experimental intramammary infection of the dairy cow with *Escherichia coli* during the nonlactating period. *Am. J. Vet. Res.* **42**: 229-231.

[32] Mulongo, M., Prysliak, T. and Perez-Casal, J. 2013. Vaccination of feedlot cattle with extracts and membrane fractions from two *Mycoplasma bovis* isolates results in strong humoral immune responses but does not protect against an experimental challenge.*Vaccine* **31**: 1406-1412. doi: 10.1016/j.vaccine.2012.12.055

[33] Nonnecke, B. J. and Smith, K. L. 1984. Inhibition of mastitic bacteria by bovine milk apo-lactoferrin evaluated by in vitro microassay of bacterial growth. *J. Dairy Sci.* **67**: 606-613. doi: 10.3168/jds.S0022-0302(84)81345-4

[34] Nordhaug, M. L., Nesse, L. L., Norcross, N. L. and Gudding, R. 1994. A field trial with an experimental vaccine against *Staphylococcus aureus* mastitis in cattle. 1. Clinical parameters. *J. Dairy Sci.* **77**: 1267-1275. doi: 10.3168/jds.S0022-0302(94)77066-1

[35] Nussbaum, S., Lysnyansky, I., Sachse, K., Levisohn, S. and Yogev, D. 2002. Extended repertoire of genes encoding variable surface lipoproteins in *Mycoplasma bovis* strains. *Infect.Immun.* **70**: 2220-2225. doi: 10.1128/IAI.70.4.2220-2225.2002

[36] O'Flaherty, S., Coffey, A., Meaney, W. J., Fitzgerald, G. F. and Ross, R. P. 2005. Inhibition of bacteriophage K proliferation on *Staphylococcus aureus* in raw bovine milk. *Lett. Appl. Microbiol.* **41**: 274-279. doi: 10.1111/j.1472-765X.2005.01762.x

[37] Opdebeeck, J. P. and Norcross, N. L. 1983. Frequency and immunologic cross-reactivity of encapsulated *Staphylococcus aureus* in bovine milk in New York. *Am. J. Vet. Res.* **44**. 906-908.

[38] 尾澤知美，菊佳男，水野恵，宮本亨，犬丸茂樹，櫛引史郎，新宮博行，土田修一，林智人. 2010. ウシ分房内 rbGM-CSF 投与による体細胞数低減関連因子の探索. 日本乳房炎研究会報. **14**：41-44.

[39] Pierce, A., Colavizza, D., Benaissa, M., Maes, P., Tartar, A., Montreuil, J. and Spik, G. 1991. Molecular cloning and sequence analysis of bovine lactotransferrin. *Eur. J. Biochem.* **196**: 177-184.

[40] Prenafeta, A., March, R., Foix, A., Casals, I. and Costa, L. 2010. Study of the humoral immunological response after vaccination with a *Staphylococcus aureus* biofilm-embedded bacterin in dairy cows: Possible role of the exopolysaccharide specific antibody production in the protection from *Staphylococcus aureus* induced mastitis. *Vet. Immunol. Immunopathol.* **134**: 208-217. doi: 10.1016/j.vetimm.2009.09.020

[41] Prysliak, T. and van der Merwe, J. Perez-Casal, J. 2013. Vaccination with recombinant *Mycoplasma bovis* GAPDH results in a strong humoral immune response but does not protect feedlot cattle from an experimental challenge with *M. bovis*. *J. Microb. Pathog.* **55**: 1-8. doi: 10.1016/j.micpath.2012.12.001

[42] Reiter, B. 1978. Review of the progress of dairy science: antimicrobial systems in milk. *J. Dairy Res.* **45**: 131-147.

[43] Rey, M. W., Woloshuk, S. L., De Boer, H. A. and Pieper, F. R. 1990. Complete nucleotide sequence of human mammary gland lactoferrin. *Nucleic Acids Res.* **18**: 5288. doi: 10.1093/nar/18.17.5288

[44] Sakulramrung, R. and Domingue, G. J. 1985. Cross-reactive immunoprotective antibodies to *Escherichia coli* O111 rough mutant J5. *J. Infect. Dis.* **151**: 995-1004.

[45] Schukken, Y. H., Bronzo, V., Locatelli, C., Pollera, C., Rota, N., Casula, A., Testa, F., Scaccabarozzi, L., March, R., Zalduendo, D., Guix, R. and Moroni, P. 2014. Efficacy of vaccination on *Staphylococcus aureus* and coagulase-negative staphylococci intramammary infection dynamics in 2 dairy herds. *J. Dairy Sci.* **97**: 5250-5264. doi: 10.3168/jds.2014-8008

[46] Seaes, P. M. 1999. Alternative management and economic consideration in *Staphyrococcus aureus* elimination program. *In*: proceeding of the 38th Annual Meeting of the National Mastitis Council. Arlington: pp86-92.

[47] Soehnlen, M. K., Aydin, A., Lengerich, E. J., Houser, B. A., Fenton, G. D., Lysczek, H. R., Burns, C. M., Byler, L. I., Hattel, A. L., Wolfgang, D. R. and Jayarao, B. M. 2011. Blinded, controlled field trial of two commercially available *Mycoplasma bovis* bacterin vaccines in veal calves. *Vaccine* **29**: 5347-5354. doi: 10.1016/j.vaccine

[48] Superti, F., Ammendolia, M. G., Valenti, P. and Seganti, L. 1997. Antirotaviral activity of milk proteins: lactoferrin prevents rotavirus infection in the enterocyte-like cell line HT-29. *Med. Microbiol. Immunol.* **186**: 83-91.

[49] Tomita, G. M., Ray, C. H., Nickerson, S. C., Owens, W. E. and Gallo, G. F. 2000. A comparison of two commercially available *Escherichia coli* J5 vaccines against *E. coli* intramammary challenge. *J. Dairy Sci.* **83**: 2276-2281. doi: 10.3168/jds.S0022-0302(00)75112-5

[50] Trumpler, U., Straub, P. W. and Rosenmund, A. 1989. Antibacterial prophylaxis with lactoferrin in neutropenic patients. *Eur. J. Clin. Microbiol. Infect. Dis.* **8**: 310-313. DOI: 10.1007/BF01963459

[51] Weinberg, E. D. 1978. Iron and infection. *Microbiol. Reviews.* **42**: 45-66.

[52] Welty, F. K., Smith, K. L. and Schanbacher, F. L. 1976. Lactoferrin concentration during involution of the bovine mammary gland. *J. Dairy Sci.* **59**: 224-231. doi: 10.3168/jds.S0022-0302(76)84188-4

[53] Wilson, D. J., Grohn, Y. T., Bennett, G. J., González, R. N., Schukken, Y. H. and Spatz, J. 2008. Milk production change following clinical mastitis and reproductive performance compared among J5 vaccinated and control dairy cattle. *J. Dairy Sci.* **91**: 3869-3879. doi: 10.3168/jds.2008-1405

[54] Yi, M., Kaneko, S., Yu, D. Y. and Murakami, S. 1997. Hepatitis C virus envelope proteins bind lactoferrin. *J. Virol.* **71**: 5997-6002.

[55] Zimecki, M., Mazurier, J., Machnicki, M., Wieczorek, Z., Montreuil, J. and Spik, G. 1991. Immunostimulatory activity of lactotransferrin and maturation of CD4⁻ CD8⁻ murine thymocytes. *Immunol. Lett.* **30**: 119-124. doi: 10.1016/0165-2478(91)90099-V

第5章 臨床現場における乳房炎原因菌の微生物学的同定法

Executive Summary

1. 臨床現場における乳房炎原因菌の同定法は，血液寒天培地での被検乳汁の好気培養後の目視同定が有用であり，属までであれば，訓練により9割以上の確率で正確な同定が可能である。
2. 初診時の治療方針を考えるにあたり，乳汁の直接塗抹染色が有用である。
3. 血液寒天上での黄色ブドウ球菌（*Staphylococcus aureus*：SA）のコロニーは，不完全溶血を示しSAと同定してよい。
4. コアグラーゼ試験で陽性のものをSAと同定するが，ごくまれに *Staphylococcus intermedius*，*S. hyicus* などのコアグラーゼ陽性菌が乳房炎を引き起こすことがあるので注意が必要である。肉眼的には，SAは着色コロニーであるのに対し，*S. intermedius*，*S. hyicus* は白色コロニーを呈し，*S. hyicus* はまれに溶血を示さないことがある。

Literature Review

一般的に乳房炎原因菌の微生物学的同定手法には，培養法，生化学的同定手法，分子生物学的同定手法などが存在する（口絵 p.8〜9，**図 5-1，5-2**）。本書では臨床現場での活用に主眼を置いていることから，主要な乳房炎原因菌について，平板培地を用いた乳汁の培養と簡単な生化学的性状検査により，コロニーの形，色，大きさ，においなどを参考に目視で同定する手法を紹介する［5］。

目視同定可能な菌種は**表 5-1** のとおりである。

1. 乳汁の採材手法

乳房炎原因菌を特定するための乳汁採材は，極めて注意深く行う必要がある。できるだけほかからの雑菌混入を避けるため，搾乳後の後搾り乳を採材することが望ましい。推奨される採材方法は以下のとおりである。
①滅菌スピッツ管を用意する
②搾乳直後に採材分房の乳頭表面の湿り気をペーパータオルで取る
③アルコール綿で乳頭口をよく清拭する
④スピッツ管のふたを汚染しないように外して保持し，スピッツ管を斜めにして2 mL程度

表 5-1 目視同定可能な菌種

グラム陽性菌	グラム陰性菌	そのほかの微生物
・*Staphylococcus aureus*（SA） ・coagulase-negative staphylococci（CNS） ・*Streptococcus* spp. ・*Enterococcus* spp. ・*Trueperella pyogenes*（TP） 　（旧 *Arcanobacterium pyogenes*） ・*Corynebacterium bovis* ・*Bacillus cereus*	・*Escherichia coli*（EC） ・*Klebsiella* spp. ・*Proteus mirabilis* ・*Serratia marcescens* ・*Pseudomonas aeruginosa*（PA） ・*Pasteurella multocida*	・Yeast ・*Prototheca zopfii* ・*Mycoplasma* spp.

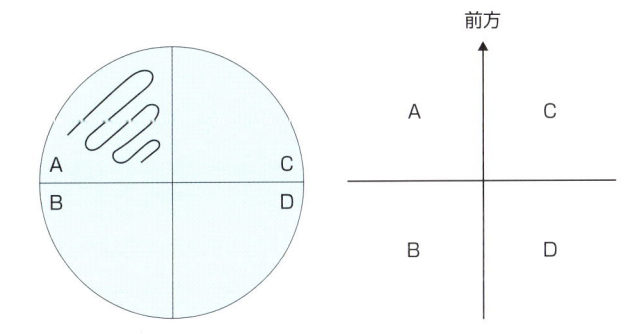

図 5-3　5％羊血液寒天培地への塗布方法

乳汁を採取する
⑤採取したスピッツ管のふたを閉める
⑥採材した乳頭をポストディッピングする
⑦スピッツ管に牛番号，分房などの情報を記入する
⑧保冷庫にスピッツ管を入れ，検査まで保管する

2. 細菌培養の手法

(1) 一般細菌の好気培養

1) 血液寒天培地を利用した方法
①5％羊血液寒天培地を4分割し，被検乳汁をよく撹拌してからマイクロピペットまたはディスポーザブル白金耳（10μLループ）で10μLを取り，培地に塗布する（図5-3）。ただし，ディスポーザブル白金耳で計量した場合，塗布量が少なくなる傾向にあるので注意を要する［1］。
②恒温器内で37℃，24～48時間培養する。
③恒温器から培地を取り出し目視同定する。

- グラム陽性球菌，グラム陰性桿菌は，培養24時間後が最も同定しやすい。グラム陽性桿菌，*Prototheca. zopfii*，酵母様真菌（Yeast）については，48時間のほうが見やすい場合がある。
- 目視同定をするにあたっての原因菌の特徴は，図5-4（口絵p.10～12）に示す通りである。コロニーの大きさを大・中・小・微小の4グループに分類して記録しておくと理解しやすい。熟練すれば9割以上の確率で正確に同定可能となる。

2）乳汁・乳汁中凝固物の直接塗抹標本の染色

被検乳汁をスライドグラスに直接塗抹し，自然乾燥，火炎固定した後，グラム染色を実施することにより，グラム陽性球菌，グラム陽性桿菌，グラム陰性桿菌，Yeast，藻類の鑑別を行うことができる。この方法は，薬剤の選択や甚急性乳房炎の治療に初診から迅速に対応する必要がある場合に有効である。主にSA，*Bacillus cereus*，*Clostoridium perfringens*，大腸菌（*Escherichia coli*：EC），*Klebsiella pneumoniae*，*K. oxytoca*，Yeast，*P. zopfii* などが対象菌種となる。

3）莢膜二重染色による大腸菌と *K. pneumoniae* の簡易鑑別法

被検乳汁をスライドグラスに直接塗抹し，自然乾燥した後，簡易迅速染色液（ディフクイック®，シスメックス㈱）にて先にギムザ染色を行い，水洗，乾燥させる。次に，市販の書道用墨汁を1滴スライドグラス上にのせ，血液塗抹を引く要領で墨汁染色を行い，水洗せずそのまま自然乾燥させ，顕微鏡で莢膜および菌体を観察する。青色に染まった菌体の周囲に透明帯として観察される莢膜が厚いものが *K. pneumoniae*，透明帯がほとんど見えない，あるいは薄いものは EC と判断する。これは，初診時に EC より重症化する *K. pneumoniae* の鑑別に有効である。

4）その他の細菌の詳細な同定方法

グラム陽性球菌・桿菌，グラム陰性桿菌についての目視同定以上の詳細な同定は，生化学的キットを用いて行うことが望ましい。代表的なものには，アピスタフプレート（ブドウ球菌およびミクロコッカス用），アピストレップ20（連鎖球菌用および腸球菌用），アピ20（腸内細菌および他のグラム陰性桿菌用。いずれもシスメックス・ビオメリュー㈱），BD BBLCRYSTAL GP同定検査試薬，BD BBLCRYSTAL E/NF同定検査試薬（ともに日本ベクトン・ディッキンソン㈱）などがある。

また，近年臨床的に難治性で注視されているストレプトコッカス・ウベリス（*Streptococcus uberis*：SU）の同定には，上記の生化学的キットのほかに「ストレプト・ウベリス簡易同定キット（NK）」（関東化学㈱）がある。被検の *Streptococcus* spp. を付属のSFブロスとSAPブロスに接種して37℃，20時間好気培養し，SFブロス紫色，SAPブロス赤色の場合SUと同定する（口絵 p.13，図 5-5）。

5）選択培地を利用した同定方法

一例として，クロモアガーオリエンタシオン／血液寒天分画培地を利用する方法がある（口絵 p.14〜15，図 5-6）。

選択培地を利用する場合は，必ず血液寒天培地を併用して同定することが好ましい。その理由は，①選択培地の場合，選択される菌種が優位に増殖されるため，菌数の定量が不可能であること，②あくまでも血液寒天培地による同定を主眼におき，補助的に選択培地を利用した方が同定の間違いが少ないことなどである。

（2）一般細菌の嫌気培養

① 5％羊血液加寒天培地を4分割し，被検乳汁をよく撹拌してからマイクロピペットまたはディスポーザブル白金耳（10 μL ループ）で10 μL を取り，培地に塗布する。

② 嫌気ジャーに嫌気パックを入れ，酸素0％，炭酸ガス5％以上の環境下で，恒温器内にて37℃，24〜48時間培養する。

③ 嫌気ジャーから培地を取り出し，発育したコロニーを1つ釣菌して2枚の血液寒天培地に塗布し，1枚は好気培養，1枚は嫌気培養する。

④ 24〜48時間培養後，好気培養で発育したものは通性嫌気性菌（好気性菌）である。好気培養で発育陰性，嫌気培養発育陽性（偏性嫌気性菌：嫌気性菌）のものを生化学的検査または分子生物学的検査で同定する。

3. マイコプラズマの検査手法

(1) 培養検査

　Mycoplasma spp. を同定するためには，通常の培養検査とは異なり，被検乳汁をマイコプラズマ寒天培地に塗布し37℃，10% CO_2 下で嫌気培養する。*Mycoplasma* spp. の目玉焼き状の特徴的なコロニーはマイコプラズマ・ボビス（*Mycoplasma bovis*：MB）で培養後2〜7日で観察される。しかし，潜在性感染からの分離にはHayflickの液体培地で2日間増菌培養をしてから平板培養することが必要である。また，最終的にはジギトニンディスクアッセイを行いアコレプラズマとの鑑別を行うことが必要である[4]。

(2) 分子生物学的検査

　PCRなどによる分子生物学的手法は，従来，菌種同定の補助的診断技術として位置づけられてきたが，生産現場での迅速な対応が求められる中で，現在では感染個体の把握や牛群の管理に最も広く用いられている。方法として，被検乳汁をHayflick培地に接種し48〜72時間程度培養する。増菌液より全DNAを抽出し，特異プライマーを用いてPCRを実施する[3]。PCRによる判定には3時間程度を要する。

　乳汁における *Mycoplasma* spp. の検出について診断薬は販売されていないが，生乳品質管理および環境のモニタリングを目的とした「シカジーニアス®牛マイコプラズマキットシリーズ」（関東化学㈱）が販売されており，乳汁への応用も報告されている[2]。

References

[1] 岡田珠子，角真次，河合一洋，岡田啓司．2009．牛乳房炎乳汁の保存温度および転倒混和による細菌数の変動と塗布器材の検証．日本家畜臨床学雑誌．**35**：109-114．

[2] Higuchi, H., Gondaira, S., Iwano, H., Hirose, K., Nakajima, K., Kawai, K., Hagiwara, K., Tamura, Y. and Nagahata, H. 2013. *Mycoplasma* species isolated from intramammary infection of Japanese dairy cows. *Vet. Rec.* **172**: 557. doi: 10.1136/vr.101228

[3] Higuchi, H., Iwano, H., Kawai, K., Ohta, T., Obayashi, T., Hirose, K., Ito, N., Yokota, H., Tamura, Y and Nagahata, H. 2011. A simplified PCR assay for fast and easy *mycoplasma* mastitis screening in dairy cattle. *J. Vet. Sci.* **12**: 191-193. doi: 10.4142/jvs.2011.12.2.191

[4] 樋口豪紀，岩野英知，安富一郎ら．2010．マイコプラズマ性乳房炎診断におけるアコレプラズマ（*Acholeplasma laidlawii*）の判別とその重要性．北獣会雑誌．**54**：53-55．

[5] Hogan, J. S., González, R. N., Harmon, R. J., Nickerson, S. C., Oliver, S. P., Pankey, J. W and Smith, K. L. 1999. Laboratory Handbook on Bovine Mastitis. Revised ed. National Mastitis Council Inc. Madison, WI, USA.

第6章 薬剤感受性検査法（MIC測定法とディスク法）

Executive Summary

1. 薬剤感受性検査法は，治療のための抗菌剤を選択する上で重要な情報を与えてくれる。
2. 薬剤感受性検査法には，最小発育阻止濃度（minimum inhibitory concentration：MIC）を測定するための寒天平板希釈法や微量液体希釈法と，抗菌薬に対する感受性を調べるディスク法がある。
3. 寒天平板希釈法や微量液体希釈法は，原因菌に対するMICを測定する定量的試験である。
4. ディスク法は，原因菌に対する感受性を簡便に判定する定性的試験である。
5. 臨床現場で活用できる薬剤感受性検査はディスク法である。ただし，動物用抗菌薬に対する判定基準は確立されていない。
6. 抗菌剤による治療を行う場合，感受性試験の結果から感受性のあるものを選択し，患畜の重症度合い（急性あるいは慢性），感染部位，薬剤分布などを考慮して，投与する抗菌剤を決定する。

Literature Review

薬剤感受性検査法の意義は，「細菌感染症の治療に有効な抗菌剤を選択するための方法」であり，治療のために抗菌剤を投与する際には必ず行うべき検査である。薬剤感受性検査を行わずに抗菌剤治療を行えば，感受性のない抗菌剤の投与により薬剤耐性菌を選択してしまう可能性があるなど，治療上大きな問題となる。

1. 薬剤感受性検査の準備

薬剤感受性検査に必要な消耗品を**表6-1**に列挙する。

2. 薬剤感受性検査法

（1）ディスク法

ディスク法による薬剤感受性検査では，基本的に病変部から分離された原因菌を純培養し，その菌株を使用して試験を行わなければ正確な薬剤感受性の成績を得ることはできない。しかしながら，臨床現場において細菌を分離・同定するシステムが整っていないような施設の場合，直接法による簡易的な薬剤感受性試験でも感受性を推定することが可能である。しかしな

表6-1 薬剤感受性検査用消耗品リスト

①ディスク法	
感受性測定用培地	ミューラーヒントン寒天培地（粉末または滅菌済の市販培地）
薬剤ディスク	KBディスク センシディスク VKBディスク　　など
McFarland標準濁度液	濁度0.5※
滅菌綿棒	
②MIC測定法	
感受性測定用培地	ミューラーヒントン寒天培地（粉末）またはミューラーヒントン液体培地（粉末）
菌株増殖用培地	トリプチケース・ソイ液体培地（粉末）
抗菌薬	力価が明記されている試薬あるいは保証書，データシートを入手する
薬剤溶解用試薬	リン酸二水素カリウム（KH_2PO_4） リン酸一水素カリウム（K_2HPO_4） リン酸一水素ナトリウム（$Na_2HPO_4・12H_2O$） エタノール メタノール 水酸化ナトリウム（NaOH） 炭酸水素ナトリウム（$NaHCO_3$） クエン酸 ジメチルホルムアミド　　など
	ドライプレート栄研またはU底96穴マイクロプレート
McFarland標準濁度液	濁度0.5※
精度管理株	*Staphylococcus aureus* ATCC 29213（JCM 2874） *Enterococcus faecalis* ATCC 29212（JCM 7783） *Escherichia coli* ATCC 25922（JCM 5491） *Pseudomonas aeruginosa* ATCC 27853（JCM 6119）

※McFarland標準濁度液は市販品（ンスメックス・ビオメリュ ，栄研化学㈱など）を購入するか，1.175％の塩化バリウム二水和物（$BaCl_2・2H_2O$）水溶液0.05 mLと1％硫酸（H_2SO_4）水溶液9.95 mLを混合すると，McFarland標準濁度液0.5になる。

がら，直接法では原因菌以外の常在細菌の混入もあり得るため，必ず原因菌を分離して感受性を調べる間接法と併用する。

1）直接法

①無菌的に採取した乳房炎乳汁を滅菌生理食塩水で100～1,000倍希釈する。希釈をすることで常在細菌の菌数を少なくし，原因菌に対して感受性を推定しやすくなる。さらに培地に塗抹する菌数をある程度調節する目的もある。

②滅菌綿棒を用いてミューラーヒントン寒天培地全面に，隙間がないように注意をしながら塗抹する（**図6-1**）。

③次に培地を60°回転させ，同じ綿棒で先程と同じように培地全面に材料を塗抹する。

④さらに60°回転させ，同じ綿棒で先ほどと同じように培地全面に材料を塗抹する。検査材料を3回塗抹することにより，塗りむらがないようにし，判定しやすくする。

⑤材料を接種後，菌液が培地に浸み込むよう5分間浸み込むのを待ってから，塗抹した菌の上に薬剤ディスクを載せる。

⑥35℃で18～24時間培養し，ディスクの周囲に形成された阻止円の直径を測定し（**図6-2**），ディスクに添付されている判定表に

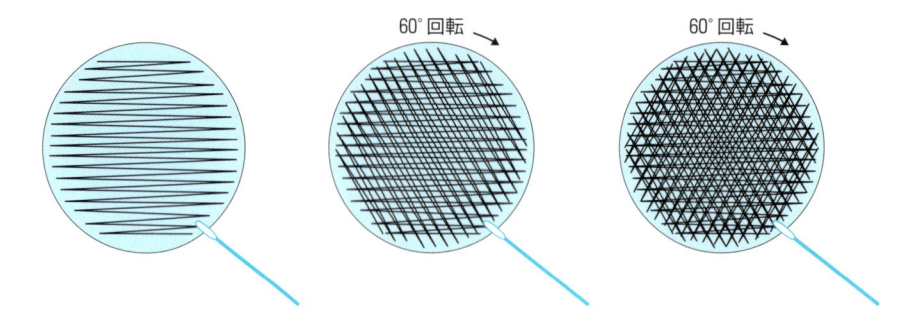

図 6-1　寒天平板への塗抹方法

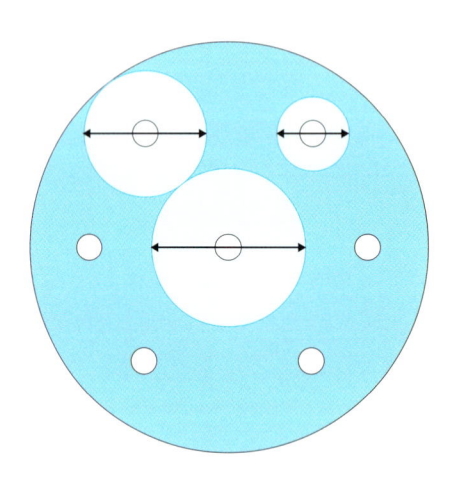

図 6-2　ディスク法の判定方法

従って，S（感受性），I（中間），R（耐性）を判定する。この場合，菌種によって判定基準が異なるため，必ず乳房炎乳汁をグラム染色して，乳房炎原因菌の菌種を推定しなければならない（**表 6-2**）。

⑦直接法による判定の解釈は，常在細菌が含まれている可能性があるため，必ずしも正しい感受性結果ではないことを理解する。したがって，直接法は初期治療の抗菌剤を選択する場合に利用し，治療を継続する場合は以下に示す間接法を必ず併用して，原因菌に対する正確な感受性を測定する。

2）間接法

①乳房炎乳汁より血液寒天培地や選択培地（ブドウ球菌用または腸内細菌科用）に発育した乳房炎原因菌の単一コロニーを滅菌楊子あるいはエーゼで釣菌する。

②釣菌した菌を新しい培地に接種し，35℃で一夜培養することで純培養ができる。

③純培養した培地に発育したコロニーを釣菌して滅菌生理食塩水に懸濁し，McFarland 標準濁度液 0.5 と同じ濁度に調整する。

④滅菌綿棒を用いてミューラーヒントン寒天培地全面に，隙間がないように注意をしながら塗抹する（**図 6-1**）。

表 6-2 ディスク法における感受性判定表の一例

薬剤ディスク	原因菌	感受性（S）(mm)	中間（I）(mm)	耐性（R）(mm)
A 薬剤	Staphylococcus aureus（SA）	29	19〜28	18
	Streptococcus agalactiae（SAG）	24	15〜23	14
	Enterococcus faecalis（EF）	28	19〜27	18
	腸内細菌	15	—	14

⑤次に培地を 60°回転させ，同じ綿棒で先程と同じように培地全面に材料を塗抹する。

⑥さらに 60°回転させ，同じ綿棒で先程と同じように培地全面に材料を塗抹する。

⑦被検菌を接種後，菌液が培地に浸み込むよう 5 分間浸み込むのを待ってから，塗沫した菌の上に薬剤ディスクを載せる。

⑧35℃で 18〜24 時間培養し，ディスクの周囲に形成された阻止円の直径を測定する（図6-2）。もし阻止円が二重となっていた場合には，内側の完全に阻止されている阻止円の大きさを測定する。

⑨判定は，ディスクに添付されている判定表に従って，S（感受性），I（中間），R（耐性）を判定する。この場合，菌種によって判定基準が異なるため，必ず原因菌をグラム染色して菌種を推定しなければならない（表6-2）。

ディスク法の場合，市販の抗菌薬ディスクに添付されている判定表の判定基準は，あくまでも人の医療用抗菌薬を使用して人の感染症原因菌の感受性を判定するもので，動物に対する病原細菌に対してのものではないことを理解してほしい。

動物用抗菌薬に対する牛乳房炎原因菌に対する判定基準は，わが国ではまだ確立されていないが，米国臨床・検査標準協会（Clinical and Laboratory Standards Institute：CLSI）では表6-3 に示すような基準を定めている［1］。

(2) MIC 測定法

最小発育阻止濃度（MIC）を測定する薬剤感受性検査は，原因菌に対して最も有効な抗菌薬（MIC の値が最も低い抗菌薬）を知ることができるほか，多数の菌株を使用することにより疫学的な情報（ある原因菌に対してどの抗菌薬が有効で，どの抗菌薬が無効であるのか）を得られるというメリットがある。しかしながら，検査手順が煩雑かつ大量の検体を取り扱わなければならないなど，デメリットもある。

ここでは，MIC 測定法として寒天平板希釈法と微量液体希釈法について解説する［2］。

1）寒天平板希釈法

①供試薬剤を各薬剤に指定された溶媒を用いて 5,120 mg/L（力価）の濃度に溶解し，薬剤原液 A 液とする（表 6-4，6-5）。

②希釈系列を作製するために，最初にマスター希釈液 B〜E 液を作製する。

③マスター希釈液 A〜E 液を元に 2 倍段階希釈列（3 連続以上の希釈を行わない）を作製し，0.625 mg/L の薬剤濃度まで 14 段階の希釈液を作成する（表6-5）。

④各薬剤希釈液を滅菌シャーレに 2 mL ずつ分注し，あらかじめ滅菌した後 50℃に保温したミューラーヒントン寒天培地 18 mL を加えて培地を固める（図6-3）。

⑤各薬剤希釈を含有した培地を乾燥後，Mc-Farland 標準濁度液 0.5 に調整した菌液を図

表 6-3 米国臨床・検査標準協会（CLSI）が規定する乳房炎原因菌の判定基準

抗菌薬	対象菌種	阻止円の直径 感性（S）	阻止円の直径 中間（I）	阻止円の直径 耐性（R）
PC	ブドウ球菌	≧29	—	≦28
	β溶血性レンサ球菌	≧24	—	—
	腸球菌	≧15	—	≦14
ABPC	腸内細菌	≧17	14〜16	≦13
	ブドウ球菌	≧29	—	≦28
	レンサ球菌	≧26	19〜25	≦18
	腸球菌	≧17	—	≦16
ペニシリン-ノボビオシン混合製剤	*Staphylococcus aureus* *Streptococcus agalactiae* *Streptococcus dysgalactiae* *Streptococcus uberis*	≧18	15〜17	≦14
CEZ		≧18	15〜17	≦14
CPDR	*Staphylococcus aureus* *Streptococcus agalactiae* *Streptococcus dysgalactiae* *Streptococcus uberis* *Escherichia coli*	≧21	18〜20	≦17
KM		≧18	14〜17	≦13
EM	*Enterococcus* spp.	≧23	14〜22	≦13
	Staphylococcus spp.	≧23	14〜22	≦13
	Streptococci	≧21	16〜20	≦15
PLM	*Staphylococcus aureus* *Streptococcus agalactiae* *Streptococcus dysgalactiae* *Streptococcus uberis*	≧13	—	≦12

PC：ペニシリン，ABPC：アンピシリン，CEZ：セファゾリン，CPDR：セフポドキシム，KM：カナマイシン，EM：エリスロマイシン，PLM：ピルリマイシン

6-4 の配置のようにマルチイノキュレーター（ミクロプランター，㈱佐久間製作所）を用いて接種する。

⑥35℃，16〜20時間培養後，菌の発育を阻止する最小薬剤希釈濃度をMICと判定する（図 6-5）。

2）微量液体希釈法

①供試薬剤を 5,120 mg/L（力価）の濃度に溶解し薬剤原液とする。

②2倍段階希釈列（3連続以上の希釈を行わない）を作製する。

③薬剤含有液体培地をマイクロプレート1ウェルあたり 50 μL ずつ分注する（ドライプレートを使用する場合，次の④から始める）。

④McFarland標準濁度液 0.5 の濁度に調整した菌液を陽イオン調整ミューラーヒントン液体培地 10 mL へ菌液 100 μL を加え接種用菌液とする。

⑤接種用菌液を1ウェルあたり 50 μL，マルチチャンネルピペットで接種する。

⑥35℃，16〜20時間培養後，菌の発育を阻止する最小薬剤希釈濃度をMICと判定する（表 6-6）。

表6-4 寒天平板希釈法のための薬剤マスター希釈例

マスター希釈液	薬剤濃度	希釈方法
A液	5,120mg/L	
B液	1,280mg/L	A液：希釈液＝1：3
C液	160mg/L	B液：希釈液＝1：7
D液	20mg/L	C液：希釈液＝1：7
E液	2.5mg/L	D液：希釈液＝1：7

表6-5 寒天平板希釈法のための薬剤希釈例

段階	薬剤濃度 (mg/L)		容量 (mL)	希釈液 (mL)	中間濃度 (mg/L)	寒天培地中おける最終濃度 (mg/L)
1	5,120	(A液)	－	－	5,120	512
2	5,120	(A液)	1.0	1.0	2,560	256
3	5,120	(A液)	1.0	3.0	1,280	128
4	1,280	(B液)	1.0	1.0	640	64
5	1,280	(B液)	1.0	3.0	320	32
6	1,280	(B液)	1.0	7.0	160	16
7	160	(C液)	1.0	1.0	80	8
8	160	(C液)	1.0	3.0	40	4
9	160	(C液)	1.0	7.0	20	2
10	20	(D液)	1.0	1.0	10	1
11	20	(D液)	1.0	3.0	5	0.5
12	20	(D液)	1.0	7.0	2.5	0.25
13	2.5	(E液)	1.0	1.0	1.25	0.125
14	2.5	(E液)	1.0	3.0	0.625	0.0625

注）薬剤を溶解する溶媒と希釈液は薬剤に応じて決められているので，それらを使用して溶解あるいは希釈を行う[2]。

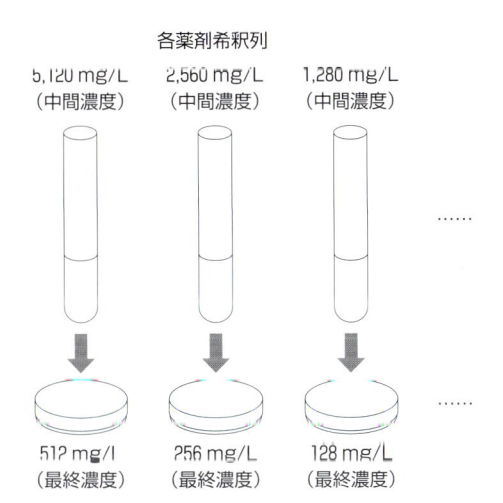

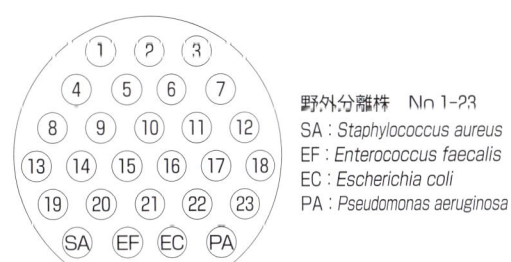

図6-4 各菌株の配置

各希釈薬剤を含有した寒天培地に，MICを測定する菌液を接種する。図では野外分離株23検体と精度管理株として4菌種を接種している。

野外分離株 No.1-23
SA：*Staphylococcus aureus*
EF：*Enterococcus faecalis*
EC：*Escherichia coli*
PA：*Pseudomonas aeruginosa*

図6-3 寒天平板希釈法

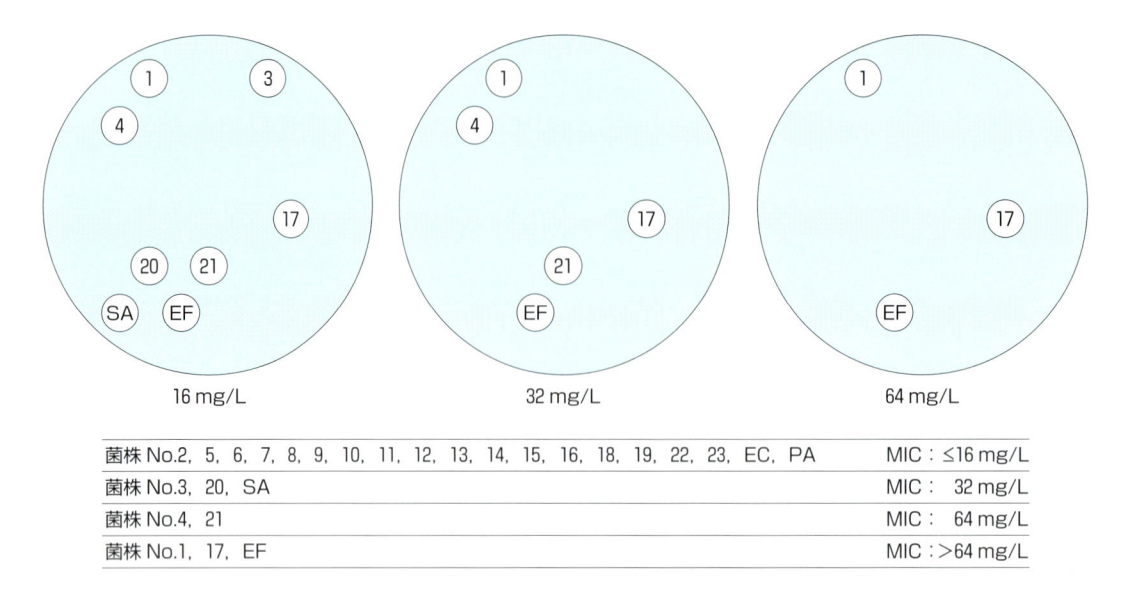

菌株 No.2, 5, 6, 7, 8, 9, 10, 11, 12, 13, 14, 15, 16, 18, 19, 22, 23, EC, PA	MIC：≤16 mg/L
菌株 No.3, 20, SA	MIC： 32 mg/L
菌株 No.4, 21	MIC： 64 mg/L
菌株 No.1, 17, EF	MIC：＞64 mg/L

図 6-5　寒天平板希釈法の判定例

表 6-6　微量液体希釈法の判定例

A 薬剤	薬剤の希釈濃度（μg/mL）								対照
	32	16	8	4	2	1	0.5	0.25	
菌の発育	−	−	−	＋	＋	＋	＋	＋	＋

注）この場合，MIC は 8 μg/mL となる。

3. 薬剤感受性検査における ディスク選択

　薬剤感受性検査を行う際のディスク選択は，基本的に乳房炎に適応症とされている抗菌薬ディスクを選択する（第9章参照）。さらに，同じ系統の抗菌薬に対しては，代表的薬剤1つに対して行うことで，同系統の薬剤の感受性が推定できる。

　例えば，乳房炎に適応症を有するセファゾリン（CEZ），セファロニウム（CEL），セファピリン（CEPR）はいずれも第1世代セファロスポリン系抗菌薬であることから，薬剤感受性検査にはこの中で市販されている CEZ のディスクを用いれば第1世代セファロスポリン系抗菌薬の乳房炎原因菌に対する感受性が判明する（**表 6-7**）。

　次に，乳房炎原因菌のグラム染色性により，一般的に使用する薬剤ディスクを使い分ける。特にペニシリン系抗菌薬であるベンジルペニシリン（PCC），マクロライド系抗菌薬であるエリスロマイシン（EM）やリンコマイシン系抗菌薬であるリンコマイシン（LCM）は，グラム陽性菌に対して抗菌スペクトルを有し，グラム陰性菌に対しては抗菌スペクトルを有さないため，乳房炎原因菌がグラム陰性菌の場合には，薬剤ディスクを用いて検査しなくてもこれ

表 6-7 乳房炎に承認されている抗菌薬と選択する薬剤ディスク例

系統		抗菌薬	選択する薬剤ディスク
β-ラクタム系	ペニシリン系	PCG	ABPC
		MCIPC	
		MDIPC	
		NFPC	
		ABPC	
	セファロスポリン系	CEZ	CEZ
		CEL	
		CEPR	
		CXM	
アミノグリコシド系		KM	KM
		ストレプトマイシン	
		FRM	
マクロライド系		EM	EM
		TS	
リンコマイシン系		PLM	LCM
テトラサイクリン系		OTC	OTC
フルオロキノロン系		ERFX	ERFX
サルファ剤		SDM	SDM

PCG：ベンジルペニシリン，MCIPC：クロキサシリン，MDIPC：ジクロキサシリン，NFPC：ナフシリン，CEL：セファロニウム，CEPR：セファピリン，CXM：セフロキシム，FRM：フラジオマイシン，EM：エリスロマイシン，TS：タイロシン，PLM：ピルリマイシン，OTC：オキシテトラサイクリン，ERFX：エンロフロキサシン，SDM：スルファジメトキシン
上記以外の略語については表 6-3（p.68）を参照。

らの抗菌薬には耐性と判定される。

乳房炎原因菌がグラム陽性菌の場合，ペニシリン系抗菌薬として PCG あるいはアンピシリン（ABPC），セファロスポリン系として CEZ，アミノグリコシド系としてカナマイシン（KM），マクロライド系として EM，リンコマイシン系として LCM，テトラサイクリン系としてオキシテトラサイクリン（OTC），フルオロキノロン系としてエンロフロキサシン（ERFX），サルファ剤としてスルファジメトキシン（SDM）のディスクを選択して薬剤感受性検査を行う。乳房炎原因菌がグラム陰性菌の場合，ABPC，CEZ，KM，OTC，ERFX，SDM のディスクを選択すれば良い（表 6-8）。ただし，菌種や菌株，使用する抗菌薬によって代表する抗菌薬の成績が当てはまらない場合もあることを注意する。

表 6-8　乳房炎原因菌のグラム染色性による薬剤ディスクの選択

グラム陽性菌	
系統	選択するディスク
ペニシリン系	PCG または ABPC
セファロスポリン系	CEZ
アミノグリコシド系	KM
マクロライド系	EM
リンコマイシン系	LCM
テトラサイクリン系	OTC
フルオロキノロン系	ERFX
サルファ剤	SDM

グラム陰性菌	
系統	選択するディスク
ペニシリン系	ABPC
セファロスポリン系	CEZ
アミノグリコシド系	KM
テトラサイクリン系	OTC
フルオロキノロン系	ERFX
サルファ剤	SDM

略語については表 6-3（p.68），6-7（p.71）を参照。

References

[1] Clinical and Laboratory Standards Institute. 2008. Development of *in vitro* susceptibility testing criteria and quality control parameters for veterinary antimicrobial agents; Approved guideline 3rd ed. M73-A3, Vol. 28, No. 7.

[2] 動物用抗菌剤研究会．2004．動物由来細菌に対する抗菌性物質の最小発育阻止濃度（MIC）測定法．動物用抗菌剤研究会報．26：pp.52-63．

[3] 動物用抗菌剤研究会．2013．動物用抗菌剤マニュアル第2版．インターズー．東京．

第7章 乳房炎原因菌の薬剤感受性動向

Executive Summary

1. 分離菌種は地域によって若干の差異はみられるものの，環境性レンサ球菌（other streptococci：OS），コアグラーゼ陰性ブドウ球菌（coagulase-negative streptococci：CNS），黄色ブドウ球菌（*Staphylococcus aureus*：SA）ならびに大腸菌（*Escherichia coli*：EC）や*Klebsiella* spp. などの大腸菌群（coliforms：CO）の4種が多数を占める。
2. OS，CNS および SA は，第1世代と第2世代のセファロスポリン系に高い感受性を示している。
3. OS はいずれの地域でもカナマイシン（KM）に対する感受性株の割合は低い。
4. CNS および SA はオキシテトラサイクリン（OTC）感受性株の割合が高い傾向がみられたが，ペニシリン系に対する感受性株の割合は低い傾向にある。
5. CO の薬剤感受性は，セファロスポリン系に対しては高く，ペニシリン系に対しては低い傾向がみられた。
6. 数少ないデータではあるが，CO はフルオロキノロン系に高い感受性を示し，アミノグリコシド系のゲンタマイシン（GM）に対しても高い感受性を示した。
7. 原因菌の薬剤感受性は，地域あるいは農場によって異なる可能性が高く，同一地域でも数年で変化する傾向があった。
8. 国内の乳汁由来 *Mycoplasma* spp. の薬剤感受性に関するデータはほとんどないが，*Mycoplasma californicum* と *M. bovigenitalium* にはマクロライド系，フルオロキノロン系，OTC およびリンコマイシン系のピルリマイシン（PLM）が抗菌力を示した。ただし，病原性が強いとされるマイコプラズマ・ボビス（*Mycoplasma bovis*：MB）が感受性を示した薬剤はフルオロキノロン系と PLM のみであった。
9. 薬剤感受性と臨床効果は完全に一致するものではないが，臨床的有用性が高く，抗菌化学療法の科学的根拠となることから，薬剤感受性試験は積極的に実施すべきである。
10. 抗菌力が低下した抗菌剤の使用をある一定期間休止することは，薬剤耐性菌を低減させる重要な戦略のひとつになり得る。

Literature Review

　本章では，主に1道5県（北海道，山形県，千葉県，岡山県，愛媛県，熊本県）の臨床現場における2013年の主な菌種の分離成績と薬剤感受性試験成績を示す。また，過去の検査データが提供された県については，それらの推移も示した。一般に，薬剤感受性試験成績は寒天平板希釈法などによる最小発育阻止濃度（minimum inhibitory concentration：MIC）で示されることが多いが，臨床現場ではほとんどの場合，手技的に簡便な1濃度ディスク法による定性的な感受性成績が応用されている。したがって，今回の検査データはすべてディスク法によるものである。感受性成績は，菌の発育阻止円の直径により感受性（S：sensitive），中間（I：intermediate）あるいは耐性（R：resistance）と評価されるが，その判定はいずれの道県においても製品の添付書に示された基準に従って行われていた。ディスク法の具体的な方法などについては，第6章で詳細に記載されているので参照されたい。

　なお，検査に供された検体は診療獣医師により検査の必要性があると診断されたものであり，無作為の採取でもすべての罹患牛から採取されたわけでもない。したがって，採材地域（農場）や病勢（病性）に偏りが生じていることも考えられる。同様に，同一地域であっても年ごとの検体数には大きなバラつきがある。参考とする場合にはこれらのことを考慮する必要がある。

1. 原因菌分離状況

　各道県の2013年の菌種ごとの分離率をみると，COのうちECとKlebsiella spp.（愛媛県ではKlebsiella pneumoniae）はそれぞれ，4.7%と1.8%（山形県，検体数2,342），9.7%と3.2%（千葉県，同589），6.3%と1.8%（岡山県，同399），9.0%と7.6%（愛媛県，同502）および7.2%と4.6%（熊本県，同594）であり，愛媛県のK. pneumoniae分離率が他県に比べやや高い傾向がみられた（**表7-1**）。北海道ではCOとして15.9%（同85,513）分離されていた。なお，今回の調査には含まれていないが，山形県においては，2010年までEC分離率は10〜15%程度（同165〜1,497）で推移していたが，最近は低下傾向がみられ5%前後で推移していた。

　これに対して，Klebsiella spp.の分離率に大きな変動はみられず，おおむね1〜3%で推移した。岡山県と熊本県では，2009〜2013年の5年間の両菌種の分離率に大きな変動はなかった。

　表7-1に戻る。SAとCNSはそれぞれ，7.1%と13.2%（北海道），8.8%と15.4%（山形県），4.9%と12.7%（千葉県），6.0%と19.8%（岡山県），11.6%と5.6%（愛媛県）および6.1%と13.5%（熊本県）が分離された。なお，愛媛県では最近5年間のCNSの分離率が5%前後で推移しており，他県に比べ低い傾向がみられた。

　レンサ球菌は伝染性の無乳性レンサ球菌（Streptococcus agalactiae：SAG）とそれ以外のOSに大別されるが，分離菌のほとんどはOSであった。その合算した分離率は24.0%（北海道），11.7%（山形県），27.5%（千葉県），29.6%（岡山県），22.5%（愛媛県），15.1%（熊本県）であった。OSのうち，ストレプトコッカス・ウベリス（Streptococcus uberis：SU）は難治性乳房炎の原因菌のひとつとして注目されているが，近年同定キットが急速に普及し検査が以前に比べ容易となったことから，全国的な浸潤状況が明らかになりつつある。今回の調査では，5.3%（山形県），2.3%（岡山県），4.7%（熊本県）の分離率であった。このほか，

表7-1　1道5県の乳房炎乳汁由来細菌分離成績

菌　種	北海道 2013 n=85,513	山形県 2009 n=1,497	山形県 2013 n=2,342	千葉県 2013 n=589	岡山県 2009 n=455	岡山県 2013 n=399	愛媛県 2009 n=89	愛媛県 2013 n=502	熊本県 2009 n=795	熊本県 2013 n=594
SA	6,091 (7.1)	196 (13.1)	206 (8.8)	29 (4.9)	37 (8.1)	24 (6.0)	2 (2.2)	58 (11.6)	72 (9.1)	36 (6.1)
CNS	11,251 (13.2)	333 (22.2)	361 (15.4)	75 (12.7)	102 (22.4)	79 (19.8)	0 (0.0)	28 (5.6)	101 (12.7)	80 (13.5)
Streptococcus spp.	20,539 (24.0)	303 (20.2)	147 (6.4)	162 (27.5)	136 (29.9)	109 (27.3)	12 (13.5)	113 (22.5)	69 (8.7)	62 (10.4)
OS　SU	—	—	125 (5.3)	—	0 (0.0)	9 (2.3)	—	—	41 (5.2)	28 (4.7)
EC	—	123 (8.2)	111 (4.7)	57 (9.7)	33 (7.3)	25 (6.3)	16 (18.0)	45 (9.0)	58 (7.3)	43 (7.2)
Klebsiella spp.[※1]	—	38 (2.5)	43 (1.8)	19 (3.2)	13 (2.9)	7 (1.8)	15 (16.9)	38 (7.6)	50 (6.3)	27 (4.6)
CO[※2]	13,604 (15.9)	78 (5.2)	93 (4.0)	3 (0.5)	2 (0.4)	3 (0.8)	—	—	18 (2.3)	29 (4.9)
Pseudomonas spp.	4,223 (4.9)	16 (1.1)	67 (2.9)	3 (0.5)	10 (2.2)	2 (0.5)	4 (4.5)	10 (2.0)	2 (0.3)	5 (0.8)
Corynebacterium spp.	173 (0.2)	14 (0.9)	28 (1.2)	23 (3.9)	1 (0.2)	21 (5.3)	2 (2.2)	18 (3.6)	33 (4.2)	13 (2.2)
真菌・Prototheca属	173 (0.2)	16 (1.1)	14 (0.6)	16 (2.7)	4 (0.9)	12 (3.0)	3 (3.4)	8 (1.6)	79 (9.9)	37 (6.2)
その他	8,454 (9.9)	3 (0.2)	149 (6.4)	31 (5.3)	68 (14.9)	46 (11.5)	15 (16.9)	60 (12.0)	78 (9.8)	41 (6.9)
発育なし	21,005 (24.6)	377 (25.2)	998 (42.6)	171 (29.0)	49 (10.8)	62 (15.5)	20 (22.5)	124 (24.7)	194 (24.4)	193 (32.5)

2009年と2013年（北海道，千葉県は2013年のみ）の調査．
数字は分離株数．（ ）内は%．［―］はデータなし，または，検査せず．
SA：Staphylococcus aureus
CNS：coagulase-negative staphylococci
SU：Streptococcus uberis
EC：Escherichia coli
CO：coliforms
OS：other streptococci
※1　愛媛県はKlebsiella pneumoniae．
※2　北海道はECとKlebsiellaを含むが，ほか5県は含まない．

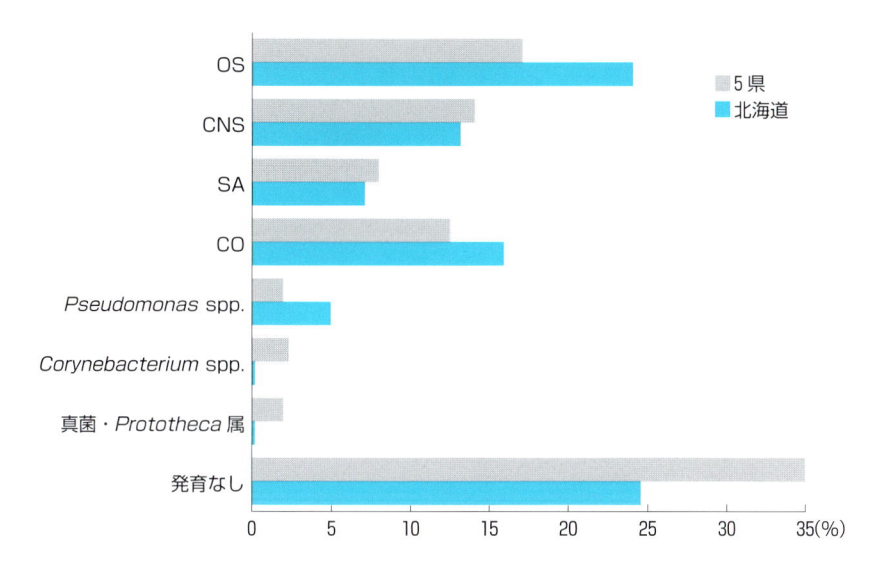

図 7-1 北海道とその他 5 県の乳房炎原因菌分離状況の比較（2013 年）
OS：other streptococci（*Streptococcus* spp.＋*S. uberis*）
CNS：coagulase-negative staphylococci
SA：*Staphylococcus aureus*
CO：colioforms

Corynebacterium spp. やツルペレラ・ピオゲネス（*Trueperella pyogenes*：TP），*Bacillus* spp. などのグラム陽性菌，CO として包含される腸内細菌の *Enterobacter* spp. や *Serratia* spp. などのグラム陰性菌，酵母様真菌，藻類の一種である *Prototheca* 属などが分離された。

以上の成績をまとめて，北海道とほかの 5 県で比較したものが図 7-1 である。前述したように今回の調査では検査材料に偏りがある可能性が高いため，データの提供元の全体像を示しているとは限らないが，両者の主要菌種の分離傾向はおおむね同様であった。同時に，このような傾向は全国的であり地域差は大きくないものと推察された。

分離菌種は農場ごとに特色があることも確認されており，山形県 O 地域の例を挙げると，農場によっては SA や SU あるいは EC の検出割合が高かった（**表 7-2**）。このような成績は，農場ごとに異なる搾乳衛生管理上の問題が存在することを示唆している。

近年，全国的に注目を集めている病原体は *Mycoplasma* spp. である。Higuchi ら[3]の 2011 年の報告によると，全国 1,241 農場のバルク乳を検査したところ，16 農場（1.3％）で MB や *M. californicum* などが分離され，農場によっては牛群の 34.8％で MB 感染が認められた。同様に，2013 年の報告[4]でも MB などが 1.7％（22/1,310 農場）のバルク乳から検出されている。Higuchi らの調査では，300 頭を超える大規模酪農場への浸潤状況は，北海道と府県で大きな差はないという。今回の調査では明らかにされなかったが，今後，例えば *Mycoplasma* spp. 分離大規模農場から中小規模農場への個体の移動などによる広範な拡散が懸念される。

原因菌は，乳汁検査をはじめとする臨床検査で乳房炎と診断されても，すべての乳汁から分離されるわけではない。2009 年と 2013 年の調査では 25.2％と 42.6％（山形県），10.8％と 15.5％（岡山県），24.0％と 32.5％（熊本県），22.5％と 24.7％（愛媛県）で菌の発育がみられ

表7-2 山形県O地域の農場別菌分離成績（2012年）

農場	検体数	分離率（%）グラム陰性菌	分離率（%）グラム陽性菌	発育なし	主な検出菌種とその割合（%）
A	133	11	43	46	SA (8), SU (14)
B	165	15	47	38	EC (11)
C	129	9	59	32	OS (25)
D	74	36	31	33	EC (25), SA (10)
E	88	14	56	30	SA (16)
F	52	48	52	0	SA (20)
G	48	21	48	31	SA (15), *Pseudomonas* spp. (12)
H	285	30	47	23	EC (6)
I	46	39	61	0	SU (13)
J	22	30	47	23	SA (24)
K	48	2	75	23	SA (49)
L	74	11	64	25	SA (11), SU (21)
M	67	6	42	52	SA (19)
N	23	4	61	35	SA (53)
O	42	14	69	17	OS (37)
P	34	12	53	35	SA (50)
Q	101	9	60	31	SA (11)
R	25	4	76	20	SA (45)

SA：*Staphylococcus aureus*，SU：*Streptococcus uberis*，EC：*Escherichia coli*，OS：other streptococci（ここではSUを除く）

なかった。北海道と千葉県（2013年）においても「発育なし」の割合はそれぞれ24.6％および29.0％であり，全国的にもおおむね20～30％程度がこれに当たると推察される。ただし，*Mycoplasma* spp. など特殊な培地を必要とする検査はほとんどの府県でルーチンワークとしては行われておらず，菌の発育がみられない検体の中には一般細菌以外の病原体が存在する可能性も否定できない。

2. 薬剤感受性動向

牛乳房炎の治療は，抗菌剤の乳房内注入剤による局所療法が中心となるが，乳房炎罹患分房の乳汁から分離された原因菌の薬剤感受性試験は，治療の際の薬剤選択に重要な情報を提供する。感受性と臨床効果はすべて一致するものではないが，感受性情報の臨床的有用性は高く［5］，抗菌剤の適正使用の科学的根拠にもなることから，この試験は積極的に実施すべきである。

現在のところ，ほとんどの薬剤感受性試験には人体用の検査ディスクが転用されている状況である。感受性試験に用いる抗菌薬の種類は検査機関や地域の状況によって異なり，5～10種類以上の抗菌薬が供試されている。ペニシリン系（ペニシリン：PC，アンピシリン：ABPCなど），セファロスポリン系（セファゾリン：CEZ，セフロキシム：CXMなど），アミノグ

リコシド系（カナマイシン：KM，ストレプトマイシン：SM など），テトラサイクリン系（オキシテトラサイクリン：OTC）は共通して供試されていたほか，地域や菌種によってはマクロライド系（エリスロマイシン：EM）やフルオロキノロン系（エンロフロキサシン：ERFX，オルビフロキサシン：OBFX など）が追加されていた。ただし現時点では，フルオロキノロン系の乳房内注入剤は製造されていない。一部の同系注射薬が EC と *K. pneumoniae* に起因した（甚）急性乳房炎に効能を有することから，全身投与の可否を調べるために検査されているものと考えられた。また最近，リンコマイシン系の PLM を主成分とする注入剤が市販されたことから，今後同薬剤に対するデータも徐々に集積されるものと思われる。

調査道県における主な菌種ごとの薬剤感受性試験成績は以下の通りであった。なお，北海道と千葉県の成績は 2013 年分であるが（**表7-3**），そのほかの県については 2009 年と 2013 年のデータを併記し，その間の推移も含め比較検討した（**表7-4**）。また，**図7-2～7-5** には山形県における主な分離菌の 2002 年から 2013 年までの感受性推移をグラフで示した。

(1) 黄色ブドウ球菌

千葉県を除く地域において分離菌株はセファロスポリン系に高い感受性を示し，調査年度における変動も認められず，感受性株の割合は 95％前後で推移していた。千葉県における感受性株の割合は，CEZ に対して 75.9％ならびに CXM に対して 51.7％であり，他県に比べ低い傾向にあった。

ペニシリン系に対しては，セファロスポリン

表7-3 主な乳房炎乳汁由来細菌の薬剤感受性試験成績―感受性株の割合―（2013年）

■北海道

菌　種	PC	ABPC	CEZ	CXM	KM	GM	EM	OTC	ERFX	OBFX
SA	87.6	—	99.1	99.0	98.4	—	98.7	98.6	—	—
CNS	17.4	—	97.5	97.3	96.9	—	76.4	89.5	—	—
OS	99.2	—	99.6	99.0	0.7	—	88.0	62.8	—	—
CO	—	63.8	81.2	89.1	87.1	99.0	—	64.8	99.6	96.4
Pseudomonas spp.	—	0.0	0.0	0.0	53.5	97.1	—	53.8	89.6	
Corynebacterium spp.	91.5	—	94.6	90.9	83.7	—	90.4	78.9	—	—

■千葉県

菌　種	PC	ABPC	CEZ	CXM	KM	GM	EM	OTC	ERFX	OBFX
SA	65.5	65.5	75.9	51.7	17.2	—	—	75.9	—	—
CNS	48.0	46.7	88.0	77.3	20.0	—	—	74.7	—	—
OS	76.5	85.8	92.0	80.9	0.0	—	—	55.6	—	—
EC	0.0	59.6	71.9	64.9	21.1	—	—	50.9	—	—
Klebsiella spp.	0.0	26.3	26.3	57.9	31.6	—	—	52.6	—	—

数字は％（薬剤ごとに供試菌株数は異なる），「―」はデータなし，または，検査せず。
菌　種…SA：*Staphylococcus aureus*，CNS：coagulase-negative Staphylococci，OS：other streptococci，EC：*Escherichia coli*，CO：coliforms
抗菌薬…PC：ペニシリン，ABPC：アンピシリン，CEZ：セファゾリン，CXM：セフロキシム，KM：カナマイシン，GM：ゲンタマイシン，EM：エリスロマイシン，OTC：オキシテトラサイクリン，ERFX：エンロフロキサシン，OBFX：オルビフロキサシン

表 7-4　主な乳房炎乳汁由来細菌の薬剤感受性試験成績—感受性株の割合—（2009 年と 2013 年の比較）

■山形県

菌　種	PC 2009	PC 2013	ABPC 2009	ABPC 2013	CEZ 2009	CEZ 2013	CXM 2009	CXM 2013
SA	86.5	99.5	—	100.0	98.2	100.0	91.9	100.0
CNS	44.4	84.7	—	92.7	90.1	99.7	69.1	98.3
OS[※1]	41.3	79.8	—	92.7	63.5	96.8	59.6	93.5
SU	—	85.6	—	96.0	—	100.0	—	99.2
EC	0.0	0.0	—	20.0	54.5	90.0	52.7	91.4
Klebsiella spp.	0.0	0.0	—	0.0	50.0	79.3	70.0	75.9
CO[※2]	0.0	4.7	—	14.0	33.3	39.5	33.3	67.4
Pseudomonas spp.	0.0	0.0	—	0.0	0.0	1.6	0.0	1.6
Corynebacterium spp.	16.7	86.4	—	86.4	16.7	86.4	16.7	86.4

■岡山県

菌　種	PC 2009	PC 2013	ABPC 2009	ABPC 2013	CEZ 2009	CEZ 2013	CXM 2009	CXM 2013
SA	66.7	0.0	0.0	0.0	85.7	100.0	90.5	88.9
CNS	26.3	46.2	0.0	0.0	91.7	92.9	76.9	71.4
OS[※3]	62.5	81.3	0.0	0.0	87.5	86.0	88.9	86.0
SU	—	0.0	—	0.0	—	50.0	—	50.0
EC	0.0	0.0	0.0	0.0	45.0	35.3	5.6	11.8
Klebsiella spp.	0.0	0.0	0.0	0.0	14.3	0.0	0.0	0.0

■愛媛県

菌　種	PC 2009	PC 2013	ABPC 2009	ABPC 2013	CEZ 2009	CEZ 2013	CXM 2009	CXM 2013
SA	—	75.9	—	74.1	—	98.3	—	—
CNS	—	71.4	—	75.0	—	96.4	—	—
OS	36.4	81.2	54.5	87.5	90.9	87.5	—	—
EC	0.0	0.0	30.8	44.4	61.5	88.9	—	—
Klebsiella pneumoniae	0.0	0.0	0.0	6.0	46.7	89.2	—	—
Arcanobacterium spp.	—	100.0	—	100.0	—	94.4	—	—

■熊本県

菌　種	PC 2009	PC 2013	ABPC 2009	ABPC 2013	CEZ 2009	CEZ 2013	CXM 2009	CXM 2013
SA	86.0	93.0	86.0	93.0	100.0	100.0	97.0	100.0
CNS	42.0	37.0	52.0	53.0	96.0	98.0	91.0	94.0
OS[※3]	91.0	81.0	96.0	94.0	97.0	100.0	97.0	100.0
SU	78.0	86.0	93.0	86.0	98.0	100.0	100.0	100.0
EC	0.0	—	41.0	17.0	79.0	81.0	79.0	81.0
Klebsiella spp.	—	—	2.0	0.0	82.0	67.0	71.0	63.0
CO[※2]	—	—	18.0	8.0	29.0	50.0	41.0	58.0
Corynebacterium spp.	81.0	69.0	94.0	100.0	87.0	100.0	97.0	100.0

数字は％．「—」はデータなし，または，検査せず．
※1　2009 年は SU を含む．
※2　EC と Klebsiella spp. 以外の腸内細菌群．
※3　SU を含まない．

KM 2009	KM 2013	GM 2009	GM 2013	EM 2009	EM 2013	OTC 2009	OTC 2013	ERFX 2009	ERFX 2013	OBFX 2009	OBFX 2013
33.3	70.4	—	—	55.0	95.1	58.6	97.6	—	—	—	—
42.0	65.4	—	—	46.9	97.0	45.7	93.4	—	—	—	—
12.5	32.3	—	—	37.5	75.0	36.5	70.2	—	—	—	—
—	22.4	—	—	—	64.0	—	57.6	—	—	—	—
40.0	75.7	—	—	10.9	15.7	27.3	58.6	—	—	—	—
40.0	82.8	—	—	0.0	3.4	60.0	65.5	—	—	—	—
0.0	81.4	—	—	33.3	20.9	33.3	69.8	—	—	—	—
0.0	11.1	—	—	0.0	4.8	11.8	19.0	—	—	—	—
16.7	90.9	—	—	33.3	81.8	0.0	81.8	—	—	—	—

KM 2009	KM 2013	GM 2009	GM 2013	EM 2009	EM 2013	OTC 2009	OTC 2013	ERFX 2009	ERFX 2013	OBFX 2009	OBFX 2013
17.6	0.0	—	—	—	—	0.0	91.4	—	—	53.8	50.0
70.8	25.0	—	—	—	—	54.5	—	—	—	41.2	20.7
9.5	6.1	—	—	71.4	—	33.3	—	—	—	0.0	10.2
—	0.0	—	—	—	—	—	—	—	0.0	—	0.0
11.8	5.9	—	—	—	—	—	—	—	—	47.1	64.7
0.0	0.0	—	—	—	—	—	—	—	—	33.3	40.0

KM 2009	KM 2013	GM 2009	GM 2013	EM 2009	EM 2013	OTC 2009	OTC 2013	ERFX 2009	ERFX 2013	OBFX 2009	OBFX 2013
—	89.6	—	—	—	—	—	91.4	—	—	—	—
—	89.3	—	—	—	—	—	82.2	—	—	—	—
18.2	5.4	—	—	—	—	45.6	60.7	—	—	—	—
46.2	71.1	—	—	—	—	7.7	61.4	—	—	75.0	92.7
66.7	86.5	—	—	—	—	60.0	54.1	—	—	100.0	90.6
—	77.7	—	—	—	—	—	72.2	—	—	—	—

KM 2009	KM 2013	GM 2009	GM 2013	EM 2009	EM 2013	OTC 2009	OTC 2013	ERFX 2009	ERFX 2013	OBFX 2009	OBFX 2013
32.0	66.7	100.0	100.0	42.0	66.7	65.0	100.0	0.0	0.0	—	—
84.0	81.0	96.0	92.0	52.0	71.0	79.0	85.0	0.0	0.0	—	—
7.0	25.0	68.0	94.0	76.0	63.0	33.0	25.0	0.0	0.0	—	—
5.0	0.0	29.0	0.0	61.0	86.0	73.0	43.0	0.0	0.0	—	—
70.0	90.0	100.0	100.0	2.0	0.0	24.0	10.0	93.0	86.0	96.0	88.0
27.0	37.0	98.0	96.0	0.0	0.0	37.0	30.0	72.0	70.0	77.0	66.7
88.0	96.0	88.0	100.0	6.0	0.0	6.0	30.0	71.0	73.0	93.0	88.0
81.0	82.0	100.0	100.0	94.0	92.0	81.0	85.0	0.0	0.0	—	—

菌　種…SA：*Staphylococcus aureus*, CNS：coagulase-negative staphylococci, OS：other streptococci, SU：*Streptococcus uberis*, EC：*Escherichia coli*, CO：coliforms
抗菌薬…PC：ペニシリン, ABPC：アンピシリン, CEZ：セファゾリン, CXM：セフロキシム, KM：カナマイシン, GM：ゲンタマイシン, EM：エリスロマイシン, OTC：オキシテトラサイクリン, ERFX：エンロフロキサシン, OBFX：オルビフロキサシン

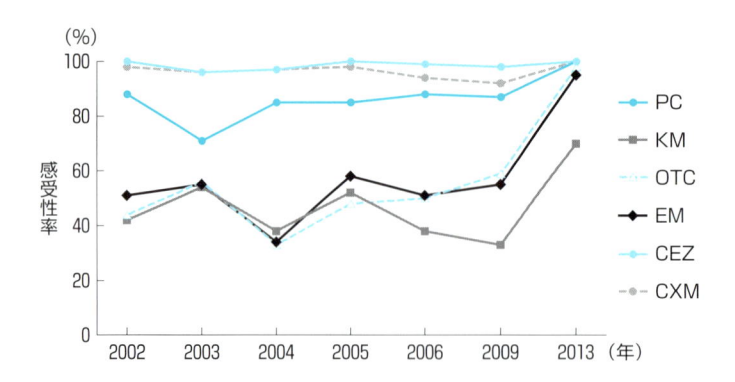

図 7-2　山形県における*Staphylococcus aureus*（SA）の各種薬剤に対する感受性株割合の推移
PC：ペニシリン，KM：カナマイシン，OTC：オキシテトラサイクリン，EM：エリスロマイシン，CEZ：セファゾリン，CXM：セフロキシム

系に次ぐ感受性を示したが，千葉県，岡山県および愛媛県ではほかの道県に比べると低い傾向がみられ，特に岡山県では耐性を示す株の割合が高かった。

アミノグリコシド系のうち KM に対しては，北海道と愛媛県では感受性株の割合が高かった（それぞれ 98.4％，89.6％〔2013 年〕）のに対し，千葉県と岡山県ではその割合が低かった（それぞれ 17.2％，0％〔2013 年〕）。また，山形県では 2000 年代と比較すると 2010 年以降の感受性株の割合が高まっていた。熊本県でも同様の傾向がみられ，2013 年までの 5 年間では感受性株の割合が年を追うごとに高くなっていた。一方，山形県および熊本県の成績では SM に対する感受性は KM に比べて低く，特に熊本県では感受性株の割合が 10％前後で推移していた（表には示さず）。

OTC に対しては，いずれの地域でも感受性株の割合が高く，山形県と熊本県では KM と同様の傾向がみられた。すなわち，山形県では 2010 年までは感受性株の割合が 50％前後であったが，その後徐々に高くなり 2013 年は 97.6％であった（図7-2）。熊本県でも 2009 年の 65％から 2013 年には 100％と上昇していた。EM に対しては，2013 年の北海道と山形県における感受性株の割合はそれぞれ 98.7％，95.1％であり，熊本県の 66.7％に比べ高かった（ほかの 3 県はデータなし）。山形県の年度ごとの変動をみると，OTC に対する感受性の推移とほぼ同様であり，2010 年以降の感受性株の割合が高まっていた。熊本県の 2013 年までの 5 年間の成績では，42％から 79％の幅で変動していた。フルオロキノロン系に対する成績は 2 県で得られたが，岡山県の OBFX，熊本県の ERFX ともに中間あるいは耐性を示す株が多く，これについては 2013 年までの 5 年間全く変化がみられなかった。

(2) コアグラーゼ陰性ブドウ球菌

いずれの地域においても CEZ に高い感受性を示し，各調査年度の感受性株の割合も 90％前後で推移しほとんど変動していなかった。同系の CXM に対する感受性は千葉県と岡山県で低い傾向がみられた。

ペニシリン系に対する感受性株の割合は，2013 年度は山形県（PC に対して 84.7％，ABPC に対して 92.7％）と愛媛県（同様に 71.4％および 75.0％）で高かったが，ほかの道県では低く 10～50％程度であった。山形県では，2009 年までは PC に対し低感受性であ

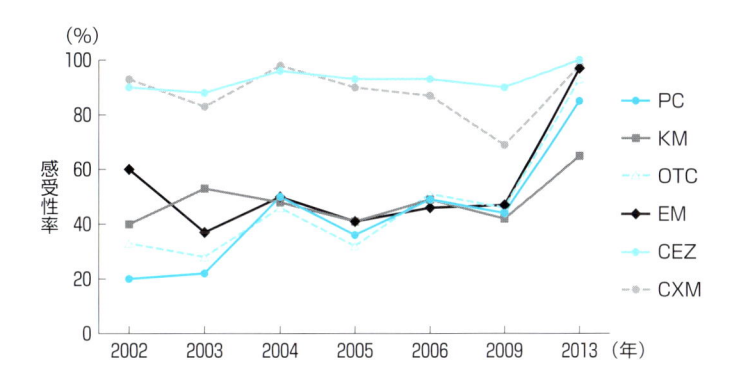

図7-3　山形県における coagulase-negative staphylococci（CNS）の各種薬剤に対する感受性株割合の推移
PC：ペニシリン，KM：カナマイシン，OTC：オキシテトラサイクリン，
EM：エリスロマイシン，CEZ：セファゾリン，CXM：セフロキシム

り，感受性株の割合は20～50％程度で推移したが，その後次第に高まっていた（図7-3）。これに対し，岡山県と熊本県では2013年までの5年間の割合はほとんど変動していなかった。岡山県ではABPCにはほとんど感受性を示さず，大部分の株が耐性を示した。

KMに対しては，北海道，愛媛県ならびに熊本県で感受性株の割合がそれぞれ96.9％，89.3％および81.0％と高かったが，そのほか3県は低かった。

OTCに対しては，いずれの地域においても感受性株の割合はおおよそ80～90％程度であった。山形県ではこの割合が2000年代には30～40％で推移していたが，2010年以降徐々に上昇していた（図7-3）。一方，愛媛県と熊本県では2013年までの5年間，感受性株の割合にほとんど変動はみられなかった。

マクロライド系のEMに対する感受性株の割合は，北海道，山形県ならびに熊本県でそれぞれ76.4％，97.0％，71.0％であった。山形県ではOTC同様，2000年代は40％前後で推移したが，その後次第に上昇していた。同じように，熊本県でも感受性株の割合が年々高まる傾向がみられた。フルオロキノロン系に対しては，岡山県と熊本県ともにSAと同等の成績で

あり，多くの株が中間あるいは耐性を示した。

(3) 環境性レンサ球菌

いずれの地域においてもセファロスポリン系に高い感受性を示し，感受性株の割合も道県ともに90％前後であった。山形県では，2000年代後半までセファロスポリン系に対する感受性株の割合が60％前後まで徐々に低下したことが確認されている。その後，感受性株の割合は急速に高まり，2013年はCEZに対して96.8％，CXMに対して93.5％であった（図7-4）。このような変動は，岡山県，愛媛県および熊本県における2013年までの5年間の推移ではみられなかった。ペニシリン系のうちPCに対する感受性株の割合は，セファロスポリン系と比較すると80％程度とやや低かったが，北海道では99％でありセファロスポリン系と同等の割合を示した。ABPCに対する感受性株の割合も，PCと同等もしくはやや高い傾向がみられたが，岡山県においては著しく低く，多くの株が感受性を示さなかった。KMに対する感受性は低く，特に北海道と千葉県では感受性株の割合が1％にも満たなかった。OTCに対する感受性株の割合はおおむね60％前後，EMに対しては70％前後であった。

83

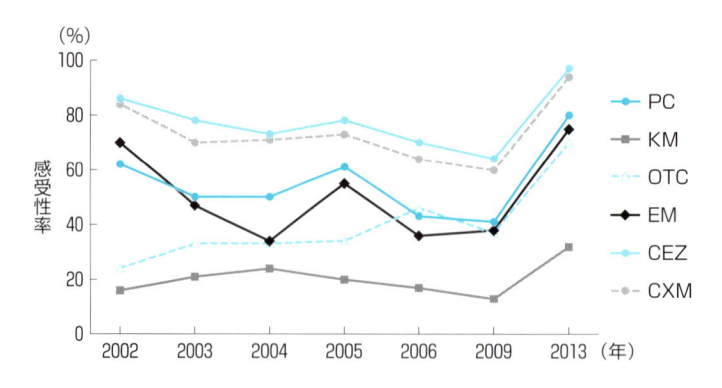

図7-4 山形県におけるother streptococci（OS）の各種薬剤に対する感受性株割合の推移
PC：ペニシリン，KM：カナマイシン，OTC：オキシテトラサイクリン，EM：エリスロマイシン，CEZ：セファゾリン，CXM：セフロキシム

環境性レンサ球菌（OS）のうちSUについては情報量が少なく，感受性傾向を捉えるには至っていない。本調査で得られた成績では，山形県と熊本県ではほかのOSと同様の感受性が認められたほか，岡山県では分離株数がごく少数ではあったがセファロスポリン系に対する感受性株の割合は50%と低かった。SUの薬剤感受性に関して，諸外国では北米をはじめ，ドイツやニュージーランドなどの報告［1, 10, 12, 13］があるが，供試薬剤が一様ではなく，耐性出現の程度にも差がある。今後国内における分離状況を把握するとともに，感受性データを積み重ねていく必要がある。

(4) 大腸菌群

一般に高い感受性を示す抗菌剤は少ないとされるが，北海道の大腸菌群（CO）全体のデータではセファロスポリン系とアミノグリコシド系，特にGMに対する感受性が高く，GMに対する感受性株の割合は99.0%，KMに対するそれも87.1%を示した。治療用の乳房注入剤が市販されていないGMに関するデータは少ないが，熊本県でも北海道と同じような成績が示された。また，北海道ではフルオロキノロン系に対しても高い感受性が認められたほか，愛媛県でもECおよびK. pneumoniaeの90%以上の株がOBFXに感受性を示した。しかしながら，岡山県で分離されたEC，Klebsiella spp. およびそれ以外のCOは中間または耐性を示す株が多かった。

これ以外の抗菌剤に対しては，まずECはペニシリン系のうちPCには調査5県のほとんどの株が耐性，ABPCには千葉県の分離株のうち約60%が感受性だったのを除けば，ほかの4県では多くの株が耐性を示した。セファロスポリン系に対しては，岡山県の分離株は感受性が低かったものの，ほかの4県では感受性株がおよそ70～90%程度を占めていた。

このほか，OTCに対しては山形県，千葉県，愛媛県で供試菌株の50～70%が，KMに対しては山形県，愛媛県，熊本県で70～90%が感受性を示した。山形県においては，2000年代と比べると2010年以降のセファロスポリン系とKMに対する感受性が大幅に改善された（図7-5）。

次に，Klebsiella spp. はペニシリン系に対しほとんどの株が耐性を示した。セファロスポリン系には山形県と愛媛県では供試菌株の80%前後，千葉県と熊本県では60%前後が感受性を示したが，岡山県では感受性を認めなかった。

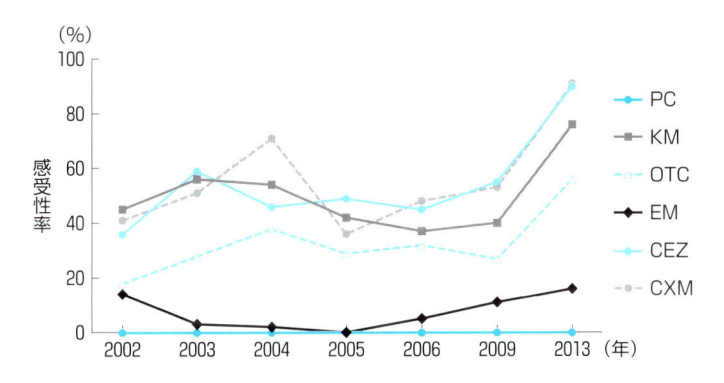

図7-5 山形県における *Escherichia coli*（EC）の各種薬剤に対する感受性株割合の推移
PC：ペニシリン，KM：カナマイシン，OTC：オキシテトラサイクリン，
EM：エリスロマイシン，CEZ：セファゾリン，CXM：セフロキシム

このほか，KMに対しては山形県と愛媛県では80％を超える株が感受性を示したが，千葉県と熊本県では30％程度にとどまった。OTCでもKMと同様の傾向が認められた。

(5) その他の菌種

Pseudomonas spp. は慢性化した乳房炎で分離されることが多い。一般に感受性を示す抗菌剤は少ないが，2013年の調査では北海道でGMとERFXに，熊本県でもGMに対する感受性株の割合が高かった（データには示さず）。これに対し，β-ラクタム系には感受性を示す株がほとんどみられなかった。また，*Corynebacterium* spp. も慢性乳房炎で分離されやすいが，*Pseudomonas* spp. と異なり多くの抗菌薬に高い感受性を示し，特にセファロスポリン系に対する感受性株の割合は道県とも90％前後にのぼった。このほか，アミノグリコシド系やペニシリン系，OTCに対する感受性株も80～100％と高率を示した。一方，酵母様真菌（Yeast）や*Prototheca* 属は抗菌薬に感受性を示さなかった。

(6) マイコプラズマに関する文献データ

マイコプラズマ・ボビス（MB）に代表される牛のマイコプラズマ感染症としては，これまで主に牛呼吸器病症候群（BRDC）や関節炎，中耳炎などが注目されてきた。近年，農場の大型化が急速に進む中で，日本でも*Mycoplasma* spp. 感染による牛乳房炎の存在が明らかにされつつある。前述したように，Higuchiら[3, 4]の報告は国内の比較的規模が小さい農場でも*Mycoplasma* spp. が検出されていることを示し，農場によっては複数種の*Mycoplasma* spp. の混合感染が認められ，乳汁中の体細胞数を著しく増加させていることを明らかにした。現在のところ，国内における乳房炎乳汁由来*Mycoplasma* spp. の分離ならびに薬剤感受性に関する報告はほとんどない。

この中で，2014年にKawaiら[8]は，乳房炎由来のMB，*M. californicum* および*M. bovigenitalium* 合計87株の薬剤感受性を調査し，後者2種はマクロライド系をはじめフルオロキノロン系，OTCおよびPLMに高い感受性を示したものの，MBが感受性を示した薬剤はフルオロキノロン系とPLMのみだったことを報告した。この成績からは，病原性が強いとされるMBによる乳房炎に対して，現在のところ乳房内注入剤として効果が期待できる抗菌薬はPLMのみということになり，発生農場では同薬剤の使用頻度が上昇する可能性が高い。牛呼

吸器由来 Mycoplasma spp. の薬剤感受性成績では，従来高い感受性を示していたマクロライド系抗菌薬に対し，10年ほど前から抵抗性を示すようになったことが確認されている [2, 6, 17]。マクロライド系抗菌剤の臨床効果は，薬剤感受性成績とは一致しないという報告 [9, 11] もあるが，一般にこのような検査成績は抗菌剤の臨床効果と密接な関係がある。したがって，乳房炎においても Mycoplasma spp. に有効な注入薬が限られる中で薬剤耐性化の進行が懸念されることから，特に PLM の感受性動向を注視する必要がある。

3. 抗菌剤使用と薬剤耐性菌

乳房炎は乳牛の最も重要な細菌感染症であり，抗菌剤治療は臨床現場では不可欠とされている。抗菌剤使用量増加は菌の耐性化を招く最も大きな要因であることは周知の事実であり，不適切な治療などにより薬剤耐性が進行することが懸念される。Saini ら [16] は，カナダの4地域89農場で，群レベルでの抗菌剤使用状況とグラム陰性菌の耐性状況を調査したが，さまざまな薬剤の乾乳期あるいは泌乳期での投与が Klebsiella spp. や EC の薬剤耐性と関連していたと報告した。また，同様の調査を SA についても行ったが，乾乳牛に対する PC とノボビオシンの乳房内同時投与は PC，ABPC 耐性と関連があり，PC の全身投与は PC 耐性，泌乳牛に対する PLM 注入は同薬剤耐性と関係があったと報告している [15]。しかし，この報告の中で Saini らは，4地域の耐性状況の差は「抗菌剤使用」だけでは説明しきれないとも述べている。

これを裏付けるように，山形県の調査では一時低下していたレンサ球菌のセファロスポリン系に対する感受性がここ数年急速に改善してきたが，同系乳房注入剤の 2013 年の使用量は 2002 年の約 4.7 倍，2006 年の約 3.2 倍と著しく増加していた。以上のことは，菌の感受性は薬剤使用量だけに影響を受けるものではないことを示唆している。本調査では，発生農場あるいは地域の抗菌剤使用状況は把握していないため，感受性の変化との関連性は明らかではないが，いずれにせよ農場の主要な原因菌の薬剤感受性と治療プログラムに関するデータを集積していくことが強く求められる。Park ら [14] は抗菌剤使用休止と有機的管理の組み合わせが乳房炎原因菌の薬剤耐性を低減させる可能性があると報告したが，抗菌力が低下した薬剤の使用を一時休止するプログラムを行使することも臨床獣医師のひとつの戦略になり得るだろう [7]。

References

[1] Bengtsson, B., Unnerstad, H. E., Ekman, T., Artursson, K., Nilsson-Ost, M. and Waller, K. P. 2009. Antimicrobial susceptibility of udder pathogens from cases of acute clinical mastitis in dairy cows. *Vet. Microbiol.* **136**: 142-149. doi: 10.1016/j.vetmic.2008.10.024

[2] Gautier-Bouchardon, A. V., Ferré, S., Le Grand, D., Paoli, A., Gay, E. and Poumarat, F. 2014. Overall decrease in the susceptibility of *Mycoplasma bovis* to antimicrobials over the past 30 years in Frans. *PLos. One.* **9**: e87672. doi: 10.1371/journal.pone.0087672. eCollection 2014.

[3] Higuchi, H., Iwano, H., Gondaira, S., Kawai, K. and Nagahata, H. 2011. Prevalence of *Mycoplasma* species in bulk tank milk in Japan. *Vet. Rec.* **169**: 442. doi: 10.1136/vr.d5331

[4] Higuchi, H., Gondaira, S., Nagahata, H., Iwano, H., Hirose, K., Nakajima, K., Kawai, K., Hagiwara, K. and Tamura, Y. 2013. *Mycoplasma* species isolated from intramammary infection of Japanese dairy cows. *Vet. Rec.* **172**: 557. doi: 10.1136/vr.101228

[5] 加藤敏英, 山本高根, 小形芳美, 漆山芳郎, 荻野祥樹, 齋藤博水. 2008. 薬剤感受性に基づいた牛呼吸器感染症治療プログラムの臨床効果. 日獣会誌. **61**: 294-298.

[6] 加藤敏英, 遠藤洋, 酒井淳一. 2013. 健康肥育牛の鼻汁から分離された *Mannheimia haemolytica, Pasteurella multocida, Mycoplasma bovis* 及び *Ureaplasma diversum* の薬剤感受性. 日獣会誌. **66**: 852-858.

[7] 加藤敏英, 遠藤洋, 相田清, 荻野祥樹. 2013. 薬剤感受性に基づいた牛呼吸器病治療プログラムの臨床効果. 動物用抗菌会報. **35**: 33-40.

[8] Kawai, K., Higuchi, H., Iwano, H., Iwakuma, A., Onda, K., Sato, R., Hayashi, T., Nagahata, H., and Oshida, T. 2014. Antimicrobial susceptibilities of *Mycoplasma* isolated from bovine mastitis in Japan. *Anim. Sci. J.* **85**: 96-99. doi: 10.1111/asj.12144

[9] Kohno, S., Takeda, K., Kadota, J., Fujita, J., Niki, Y., Watanabe, A. and Nagashima, M. 2014. Contradiction between in vitro and clinical outcome: intravenous followed by oral azithromycin therapy demonstrated clinical efficacy in macrolide-resistant pneumococcal pneumonia. *J. Infect. Chemother.* **20**: 199-207. doi: 10.1016/j.jiac.2013.10.010

[10] Lindeman, C. J., Portis, E., Johansen, L., Mullins, L. M., Stoltman, G. A. 2013. Susceptibility to antimicrobial agents among bovine mastitis pathogens isolated from North American dairy cattle, 2002-2010. *J. Vet. Diagn. Invest.* **25**: 581-591. doi: 10.1177/1040638713498085

[11] McClary, D. G., Loneragan, G. H., Shryock, T. R., Carter, B. L., Guthrie, C. A., Corbin, M. J. and Mechor, G. D. 2011. Relationship of in vitro minimum inhibitory concentrations of tilmicosin against *Mannheimia haemolytica* and *Pasteurella multocida* and *in vivo* tilmicosin treatment outcome among calves with signs of bovine respiratory disease. *J. Am. Vet. Med. Assoc.* **239**: 129-135. doi: 10.2460/javma.239.1.129

[12] McDougall, S., Hussein, H. and Petrovski, K. 2014. Antimicrobial resistance in *Staphylococcus aureus, Streptococcus uberis* and *Streptococcus dysgalactiae* from dairy cows with mastitis. *NZ. Vet. J.* **62**: 68-76. doi: 10.1080/00480169.2013.843135

[13] Minst, K., Märtlbauer, E., Miller, T. and Meyer, C. 2012. *Streptococcus* species isolated from mastitis milk samples in Germany and their resistance to antimicrobial agents. *J. Dairy Sci.* **95**: 6957-6962. doi: 10.3168/jds.2012-5852

[14] Park, Y. K., Fox, L. K., Hancock, D. D., McMhan, W. and Park, Y. H. 2011. Prevalence and antibiotic resistance of mastitis pathogens isolated from dairy herds transitioning to organic management. *J. Vet. Sci.* **13**: 103-105. doi: 10.4142/jvs.2012.13.1.103

[15] Saini, V., McClure, J. T., Scholl, D. T., De Vries, T. J. and Barkema, H. W. 2012. Herd-level association between antimicrobial use and antimicrobial resistance in bovine mastitis *Staphylococcus aureus* isolates on Canadian dairy farms. *J. Dairy Sci.* **95**: 1921-1929. doi: 10.3168/jds.2011-5065

[16] Saini, V., McClure, J. T., Scholl, D. T., De Vries, T. J. and Barkema, H. W. 2013. Herd-level Relationship between antimicrobial use and presence or absence of antimicrobial resistance in gram-negative bovine mastitis pathogens on Canadian dairy farms. *J. Dairy Sci.* **96**: 4965-4976. doi: 10.3168/jds.2012_5713

[17] Sulyok, K. M., Kreizinger, Z., Fekete, L., Hrivák, V., Magyar, T., Jánosi, S., Schweitzer, N., Turcsányi, I., Makrai, L., Erdélyi, K. and Gyuranecz, M. 2014. Antibiotic susceptibility profiles of *Mycoplasma bovis* strains isolated from cattle in Hungary, Central Europe. *BMS. Vet. Res.* **10**: 256. doi: 10.1186/s12917-014-0256-x.

第8章 乳房炎原因菌の耐性菌出現状況と耐性機構

Executive Summary

1. 乳房炎原因菌を含む細菌はほかの微生物から薬剤耐性遺伝子を獲得することや，薬剤の標的遺伝子を自ら変異させることで薬剤耐性菌へと進化してきた。
2. 海外においても乳房炎原因菌として重要とされているのは，*Streptococcus* spp.，大腸菌群（coliforms：CO），コアグラーゼ陰性ブドウ球菌（coagulase-negative staphylococci：CNS），黄色ブドウ球菌（*Staphylococcus aureus*：SA）および *Mycoplasma* spp. である。
3. *Streptococcus* spp. においてテトラサイクリン系薬とマクロライド系薬に対する耐性割合が高い。それぞれの薬剤に対する耐性機構はプラスミド性の耐性遺伝子である。
4. プラスミド性の耐性遺伝子は，染色体性の薬剤耐性機構に比べて水平伝達により急速に拡散するため，注意が必要である。
5. CO においては，テトラサイクリン系薬に対する高い耐性割合および 2 次選択薬として重要な第 3 世代セファロスポリン系薬，フルオロキノロン系薬に対する耐性菌の出現が問題となっている。
6. 乳房炎由来 SA は，メチシリン耐性遺伝子として重要な *mecA* 遺伝子をあまり保有していないが，CNS は保有している。
7. 乳房炎の原因菌としての *Mycoplasma* spp. に関する報告は非常に少ないが，染色体の突然変異によるマクロライド系薬やフルオロキノロン系薬に対する耐性が出現している。

Literature Review

　薬剤耐性菌とは，薬剤（抗菌性物質）存在下でも発育できる細菌のことをいう。細菌はほかの微生物から薬剤耐性遺伝子を獲得することや，薬剤の標的遺伝子を自ら変化させることで薬剤耐性菌へと進化してきた。図 8-1 に示すように細菌の主な薬剤耐性機構として①薬剤排泄機構，②標的部位の変異，③薬剤の不活化，④透過性の低下が知られている。
　近年，乳房炎治療薬に対する薬剤耐性菌の出現と増加が世界的な問題となっている。薬剤耐性を獲得した乳房炎原因菌の出現と拡散に対して対策を立てるためには，海外における耐性菌の出現および拡散状況の把握および耐性機構の理解が重要である。日本における乳房炎原因菌と同様に，海外においても乳房炎原因菌として重要とされているのは，*Streptococcus* spp.，CO，CNS，SA および *Mycoplasma* spp. である。そこで，本章ではこれら主要な乳房炎原因

③薬剤の不活化

④透過性の低下

分解酵素

①薬剤の排出（薬剤排泄機構）

●：薬剤

外膜

内膜

②標的部位の変異

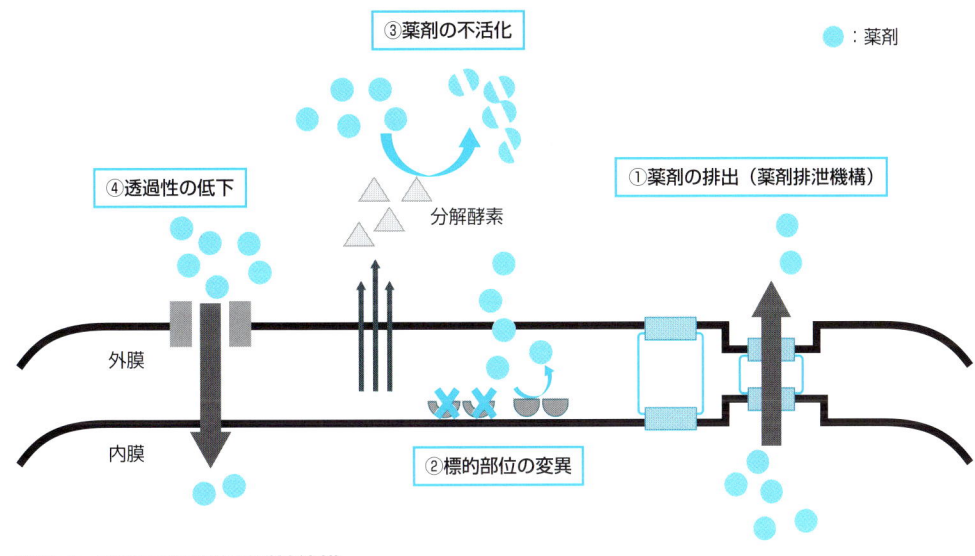

図 8-1　細菌の主な薬剤耐性機構

菌の耐性菌出現状況とその耐性機構について，世界的な情勢を踏まえて示す。

1. ストレプトコッカス属菌

　海外においても，乳房炎を引き起こす Streptococcus spp. として，主に 3 菌種（ストレプトコッカス・ウベリス〈Streptococcus uberis：SU〉，ストレプトコッカス・ディスガラクティエ〈Streptococcus dysgalactiae：SD〉および無乳性レンサ球菌〈Streptococcus agalactiae：SAG〉）が分離されている。例外はあるものの，いずれの菌種においてもテトラサイクリン系薬とマクロライド系薬に対する耐性割合が高い（**表 8-1**）。アミノグリコシド系薬（ゲンタマイシン〈GM〉）に対する耐性割合は，国によってばらつきが大きい（0～99.7％）。これは，GM の乳房炎に対する適応が国により異なることが原因であると考えられる（ちなみに日本での適応はない）。ペニシリン系薬に対する耐性菌の出現は認められていなかったが，韓国やスイスにおいて低率ではあるがペニシリン系薬に対する耐性菌が分離されている［22, 28］。以下に，それぞれの薬剤に対する耐性機構を示す（**表 8-2**）。

　Streptococcus spp. のテトラサイクリンに対する耐性機構として，主にプラスミド性の耐性遺伝子である tetK, tetL, tetM, tetO および tetS が報告されている［5, 27］。テトラサイクリン系薬は菌体内に能動的に蓄積され，細菌のリボソームに作用し，細菌のタンパク質の合成を阻害することで静菌的に作用する。tetK および tetL はテトラサイクリン系薬を細菌の細胞内から排泄する薬剤排泄ポンプとして働くことで，菌体内のテトラサイクリン系薬の濃度を下げ，感受性を低下させる［33］。また，tetM および tetO, tetS はテトラサイクリン系薬の作用部位であるリボソームをテトラサイクリン系薬から保護することで感受性を低下させる。

　Streptococcus spp. のマクロライド系薬に対する耐性機構として，プラスミド性耐性遺伝子である ermA, ermB, ermC および mreA が報告されている［5, 4］。ermA, ermB, ermC 遺伝子は，マクロライド系薬の標的部位であるリボソー

表 8-1 *Streptococcus* spp. の抗菌薬に対する耐性割合

菌名	分離国	分離年	供試検数	耐性割合（%） ABPC	PC	CEZ
SU	ドイツ	2009	225	0	0	0
	ポルトガル	2002〜2003	30	NT	0	0
	フィンランド	2001	64	NT	0	0
	韓国	2004〜2008	99	NT	8.1	NT
	イギリス	2004	885	NT	0	NT
	フランス	2003	471	NT	1	NT
	イタリア	2003	27	NT	0	NT
	オランダ	2004	99	NT	0	NT
	スウェーデン	2002	98	NT	0	NT
	スイス	2011〜2013	1228	7.7	7.8	NT
SD	ドイツ	2009	49	0	0	0
	ポルトガル	2002〜2003	18	NT	0	0
	イギリス	2004	165	NT	0	NT
	フランス	2003	41	NT	0	NT
	オランダ	2004	90	NT	0	NT
	スウェーデン	2002	100	NT	0	NT
	スイス	2011〜2013	213	5.2	7	NT
SAG	ドイツ	2009	3	0	0	0
	ポルトガル	2002〜2003	60	NT	0	0
	中国	記載なし	55	NT	0	NT
	韓国	2004〜2008	5	NT	20	NT

SU：*Streptococcus uberis*
SD：*Streptococcus dysgalactiae*
SAG：*Streptococcus agalactiae*
NT：テストされていない

表 8-2 *Streptococcus* spp. の抗菌薬に対する耐性機構

薬剤	主な耐性遺伝子または変異箇所	耐性機構	耐性遺伝子の局在	参考文献
テトラサイクリン系薬	*tetK*, *tetL*,	薬剤排泄ポンプ	プラスミド	[5]
	tetM, *tetO*, *tetS*	リボソームの保護	プラスミド	[5]
マクロライド系薬	*ermA*, *ermB*, *ermC*	標的部位の質的変化	プラスミド	[3]
リンコマイシン系薬	*linB*	薬剤の不活化	プラスミド	[7]
アミノグリコシド系薬	*aphA-3*, *aad*-6	薬剤の不活化	プラスミド	[8]
ペニシリン系薬	ペニシリン結合タンパク質	点突然変異	染色体	[10]

耐性割合（%）						参考文献
第3世代セファロスポリン	オキサシリン	EM	PLM	GM	テトラサイクリン系薬	
NT	NT	23.1	19.1	2.2	42.7	[30]
3.3	NT	26.7	53.3	80	60	[4]
NT	NT	15.6	NT	0	40.6 (OTC)	[31]
NT	33.3	34.3	NT	42.4	57.6	[1]
NT	NT	8	NT	NT	15	[32]
NT	NT	17	NT	NT	17	[32]
NT	NT	22	NT	52	44	[32]
NT	NT	0	NT	NT	35.4	[32]
NT	NT	0	NT	NT	2	[32]
6	64.8	NT	NT	99.7	NT	[2]
NT	NT	14.3	32.7	0	26.5	[30]
0	NT	22.2	38.9	38.9	100	[4]
NT	NT	2	NT	NT	39	[32]
NT	NT	17	NT	NT	53	[32]
NT	NT	6.7	NT	NT	67.8	[32]
NT	NT	0	NT	NT	6	[32]
4.2	26.8	NT	NT	99.5	NT	[2]
NT	NT	0	0	0	66.7	[30]
3.3	NT	18.3	18.3	93.3	56.7	[4]
NT	NT	23.5	NT	29.4	72.5	[8]
NT	40	0	NT	20	60	[1]

ABPC：アンピシリン，PC：ペニシリン，CEZ：セファゾリン，EM：エリスロマイシン，PLM：ピルリマイシン，GM：ゲンタマイシン，OTC：オキシテトラサイクリン

ムをジメチル化する酵素をコードしており，マクロライド系薬が作用しにくくなることで感受性を低下させる。mreA遺伝子は，マクロライド系薬に対する薬剤排泄ポンプをコードしており，マクロライド系薬を菌体外へ排泄することで感受性を低下させる。また，ピルリマイシン（PLM，リンコマイシン系薬剤）に対するプラスミド性耐性遺伝子linBも同定されている[27]。linBはマクロライド系薬をnucleotidylation（ヌクレオチジル化）する酵素をコードしており，リンコマイシン系薬を不活化することで感受性を低下させる[1]。

Streptococcus spp.のアミノグリコシド系薬に対する耐性機構として，プラスミド性耐性遺伝子であるaphA-3およびaad-6が報告されている[9]。aphA-3はアミノグリコシド系薬剤をO-リン酸化する酵素を，aad-6はO-アデニル化する酵素をコードしており，アミノグリコシド系薬を修飾し不活化する。

以上のテトラサイクリン系薬，マクロライド系薬，アミノグリコシド系薬に対する耐性遺伝子は主にプラスミド性であり，染色体性の薬剤耐性機構に比べて水平伝達により急速に拡散する。実際，in vitroにおいて，ermBの水平伝達が証明されている[17]。疫学上も，ポルトガルにおいて，パルスフィールドゲル電気泳動（PFGE）で関連が認められない乳房炎由来Streptococcus spp.が類似した耐性遺伝子を保有

表 8-3　coliforms の抗菌薬に対する耐性割合

	分離国	分離年	供試験数	耐性割合 (%) ABPC	耐性割合 (%) 第3世代セファロスポリン
EC	アメリカ	2009	55	5.5	0
	台湾	記載なし	57	54.4	22.8
	日本	2006	106	10.4	0
	エチオピア	2009〜2010	15	40	NT
	カナダ	2007〜2008	394	8.2	0.8
KP	日本	2006	34	91.2	0
	エチオピア	2009〜2010	7	42.9	NT
Klebsiella spp.	カナダ	2007〜2008	139	100	0
CO	スイス	2011〜2013	598	54.5	11

EC：Escherichia coli
KP：Klebsiella pneumoniae
CO：coliforms
NT：テストされていない

していたことから水平伝達による耐性遺伝子の拡散が示唆されている[27]。日本における乳房炎由来 Streptococcus spp. の報告は少なく、これらプラスミド性耐性遺伝子の存在および拡散状況を含めた調査が期待される。

一方、低率ではあるが韓国やスイスで分離されたペニシリン系薬耐性 Streptococcus spp. について、耐性機構としてペニシリン結合タンパクの変異がペニシリン系薬に対する感受性を低下させるという報告がある[10]。この耐性機構については、Streptococcus spp. の染色体上のペニシリン結合タンパクの突然変異であり、ペニシリン系薬による強い選択圧がない限り、今後も Streptococcus spp. での急速な拡散はないと予想される。

2. 大腸菌群

乳房炎の原因となる大腸菌群（CO）の複数の抗菌薬に対する耐性状況を表 8-3 に示す。乳房炎を起こす CO として代表的な大腸菌（Escherichia coli：EC）について、アメリカでは複数の抗菌薬に対する耐性割合が増加している[20]。EC については、代表的なすべての抗菌薬に対する耐性菌が出現しており、日本においてもテトラサイクリン系薬およびペニシリン系薬に対する耐性菌が分離されている[30]。乳房炎の原因となる CO として EC に次いで分離される Klebsiella spp. についての報告は多くないが、ペニシリン系薬、アミノグリコシド系およびテトラサイクリン系薬に対する耐性菌の報告がある[29, 30]。これらの CO においてテトラサイクリン系薬に対する高い耐性割合および二次選択薬として重要な第3世代セファロスポリン系薬、フルオロキノロン系薬に対する耐性菌の出現が問題となっている。

以下に、それぞれの薬剤に対する CO の耐性機構を説明する（表 8-4）。

乳房炎より分離された EC のテトラサイクリン系薬に対する耐性機構は、プラスミド性耐性遺伝子である tetA および tetB が同定されている[20]。そのほか、グラム陰性菌のテトラサイクリン耐性遺伝子として、tetC, tetD および tetE も報告されている[33]。これらテトラサイクリン耐性遺伝子は、テトラサイクリン系薬

耐性割合 (%)				参考文献
EM	GM	テトラサイクリン系薬	フルオロキノロン系薬	
NT	0	38.1	0	[11]
NT	19.3	50.9	3.5	[18]
NT	0	23.6 (OTC)	0	[12]
73.3	NT	NT	NT	[33]
NT	0.2	14.8	0	[13]
NT	0	11.8 (OTC)	0	[12]
57.1	NT	NT	NT	[33]
NT	1.4	18.6	0	[13]
NT	9.7	NT	NT	[2]

抗菌薬の略語については表8-1 (p.90) を参照。

表8-4 coliformsの抗菌薬に対する耐性機構

薬剤	主な耐性遺伝子または変異箇所	耐性機構	耐性遺伝子の局在	参考文献
テトラサイクリン系薬	$tetA$, $tetB$, $tetC$, $tetD$, $tetE$	薬剤排泄ポンプ	プラスミド	[5]
アミノグリコシド系薬	$aac3$, $aac6'$, $aph3$, $aad2''$	薬剤の不活化	プラスミド	[15]
	$rmtB$, $armA$	標的部位の修飾	プラスミド	[15]
第3世代セファロスポリン系薬	bla_{CTX}, bla_{TEM}, bla_{AmpC}	薬剤の不活化	プラスミド	[16]
フルオロキノロン系薬	QRDRの変異	標的部位の変異	染色体	[20]
	qep	薬剤排泄ポンプ	プラスミド	[20]
	qnr	標的部位の保護	プラスミド	[20]

を菌体外へ排泄する薬剤排泄ポンプをコードしており、テトラサイクリン系薬に対する感受性を低下させる。テトラサイクリン耐性遺伝子、特に $tetA$ および $tetB$ は家畜において広く拡散しており[32]、乳房炎起因COでも同様の状況が示唆される。

乳房炎由来COでのアミノグリコシド系薬に対する耐性割合はほかの薬剤に比べて低く、耐性遺伝子についての報告は今のところない。しかし、ふん便由来COでは、耐性遺伝子についての解析が行われており、アミノグリコシド系薬に対する耐性遺伝子として、アミノグリコシド系薬剤修飾酵素をコードする $aac3$, $aac6'$, $aph3$ および $aad2''$ が報告されている[36]。加えて、近年は高度アミノグリコシド耐性を引き起こすプラスミド性耐性遺伝子として、アミノグリコシド系薬の標的部位である16Sリボソームを修飾する酵素である $rmtB$ や $armA$ などのメチル化酵素遺伝子も家畜由来のCOで分離されている[36]。今後、乳房炎由来COでのアミノグリコシド耐性割合の増加、高度アミノグリコシド耐性株の出現について注意する必要がある。

第3世代セファロスポリン系薬に対する耐性

表 8-5 CNS および SA の抗菌薬に対する耐性割合

	分離国	分離年	供試験数	耐性割合（%）			
				ABPC	PC	CEZ	第3世代セファロスポリン
CNS	スイス	記載なし	417	NT	23.3	NT	NT
	ドイツ	2003〜2005	298	18.1	NT	NT	0.3
	フィンランド	2001	335	NT	32	NT	NT
	エチオピア	2009〜2010	9	88.9	NT	NT	NT
	スイス	2011〜2013	1107	48.2	54.3	NT	8.3
SA	フィンランド	2001	196	NT	52.1	NT	NT
	エチオピア	2009〜2010	17	82.4	NT	NT	NT
	中国	記載なし	53	NT	96.3	0	NT
	カナダ	2007〜2008	562	2.6	8.8	NT	0.3
	ポーランド	2007〜2009	80	NT	44	NT	NT
	スイス	2011〜2013	490	32.7	35.1	NT	11.8

CNS：coagulase-negative staphylococci
SA：*Stapylococcus aureus*
NT：テストされていない

菌として，ESBL/AmpC（注）産生菌の出現が問題となっている。ESBL/AmpC 産生菌は，ペニシリン系薬だけでなく第 3 世代セファロスポリン系薬を分解することで感受性に影響する[2]。実際に多剤に対する感受性を調べていないため表 8-3 には示していないが，ヒトの医療で特に問題となっている ESBL である bla$_{CTX-M}$ も乳房炎由来 CO で分離されている[6, 23, 34]。今後も，家畜および乳房炎原因菌における ESBL/AmpC 産生菌の出現，拡散については警戒する必要がある。

また，CO のフルオロキノロン耐性機構としては主に染色体上のキノロン耐性決定領域（QRDR）である gyrA および parC の変異によるものが報告されている[16]。フルオロキノロン系薬は DNA ジャイレース（gyrA）やトポイソメラーゼⅣ（parC）といった DNA の複製に関わる酵素を阻害することで，殺菌的に作用するが，これら QRDR に突然変異が生じることでフルオロキノロン系薬の親和性が弱まり感受性が低下する。一方，乳房炎由来 CO では報告されていないが，フルオロキノロン系薬の感受性に影響するプラスミド性耐性因子として qep（キノロンの排泄ポンプをコード）や qnr（QRDR の保護タンパク質をコード）が報告されている[16]。

CO では複数の薬剤の感受性に影響する多剤排泄ポンプの存在（染色体性）も知られており，多剤排泄ポンプの活性化が多剤の感受性に影響することもある。

以上のように，CO における薬剤耐性遺伝子は広く調べられているが，乳房炎原因菌としての CO についての調査成績は少ない。今後，乳房炎原因菌としての CO の耐性菌，耐性遺伝子の研究が進むことが乳房炎の制御につながると思われる。

(注) ESBL/AmpC 産生菌：基質特異性拡張型 β-ラクタマーゼ（ESBL：extended spectrum β-lactamase）は，β-ラクタム系抗菌薬を広く分解する酵素で，ペニシリン系，セファロスポリン系（第 1〜4 世代）およびモノバクタム系抗菌薬を加水分解する。一方，AmpC β-ラクタマーゼ（AmpC）は ESBL と同じく β-ラクタム系抗菌薬を分解する酵素で，ペニシリン系，セファロスポリン系（第 1〜4 世代），モノバクタム系およびセファマイシン系抗菌薬を加水分解する。

耐性割合（%）						参考文献
オキサシリン	EM	PLM	GM	テトラサイクリン系薬	フルオロキノロン薬系	
47.0	7.0	NT	20.4	15.8	0	[34]
0.7	7.4	6.4	NT	n	NT	[35]
9.6	5.4	NT	0	8.7 (OTC)	0	[36]
NT	55.6	NT	NT	NT	NT	[33]
59.9	NT	NT	5.9	NT	NT	[2]
4.1	1.5	NT	0	5.1 (OTC)	0	[36]
NT	58.8	NT	NT	NT	NT	[33]
0.0	66.0	NT	NT	98.1	0	[25]
NT	0.7	2.4	NT	2.6	NT	[13]
NT	0.0	NT	0	NT	0	[37]
27.1	NT	NT	5.7	NT	NT	[2]

抗菌薬の略語については表8-1（p.90）を参照。

3. コアグラーゼ陰性ブドウ球菌および黄色ブドウ球菌

コアグラーゼ陰性ブドウ球菌（CNS）および黄色ブドウ球菌（SA）においてもさまざまな薬剤耐性菌の出現が報告されている（**表8-5**）。これまでの報告より，乳房炎由来CNSはSAよりも耐性傾向が強いとされる[35]。ヒトの医療ではペニシリン系薬の1つであるメチシリンに対して耐性を示すメチシリン耐性SA（MRSA：methicillin-resistant SA）の増加が問題となっており，乳房炎原因菌としてのSAにおいても出現，拡散が危惧される。よって，乳房炎原因菌としてのCNSおよびSAにおけるペニシリン系薬に対する耐性状況には注意する必要がある。

以下にそれぞれの薬剤に対するCNSおよびSAの耐性機構を説明する（**表8-6**）。

CNSおよびSAのペニシリン系薬に対する耐性機構はmecA遺伝子の保有またはblaZ遺伝子の保有である[19]。mecA遺伝子はペニシリン結合タンパク質（PBP）2′をコードしておりMRSAやMR-CNSの染色体上に存在する。PBP2′はペニシリン系薬に対して強い親和性を示し，感受性を低下させる。また，プラスミド性にペニシリナーゼをコードするblaZ遺伝子は，ペニシリン系薬を分解することで感受性を低下させる。フィンランドにおける調査では，MRSAはmecAを保有していなかったが，MR-CNSは保有していた[35]。また，オランダの調査でもMR-CNSはmecAを保有していたことから[35]，乳房炎由来原因菌としてはCNSのほうがSAに比べてmecA遺伝子を保有しやすいことが示唆される。

CNSおよびSAのマクロライド耐性割合およびリンコサミド耐性割合はドイツで6～7%（**表8-5**），オランダで4～14%であった。Staphylococcus spp.のマクロライド耐性機構は主なものとして主にプラスミド性のermA, ermB, ermC, msrAおよびmphCが知られている[37]。ermA, ermBおよびermCがマクロライド系薬の薬剤感受性に関わる機構はOSと同様であり，マクロライド系薬の標的部位であるリ

表 8-6　CNS および SA の抗菌薬に対する耐性機構

薬剤	主な耐性遺伝子または変異箇所	耐性機序	耐性遺伝子の局在	参考文献
ペニシリン系薬	mecA	標的部位の変異	染色体	[22]
	blaZ	薬剤の不活化	プラスミド，染色体	[22]
マクロライド系薬	ermA, ermB, ermC	標的部位の質的変化	プラスミド	[22]
	msrA	薬剤排泄ポンプ	プラスミド，染色体	[22]
	mphC	薬剤の不活化	プラスミド，染色体	[22]
テトラサイクリン系薬	tetK, tetL	薬剤排泄ポンプ	プラスミド	[5]
	tetM, tetO	リボソームの保護	プラスミド	[5]
アミノグリコシド系薬	aacA-aphD, aadD, aphA3	薬剤の不活化	プラスミド，染色体	[22]

CNS : coagulase-negative staphylococci
SA : Staphylococcus aureus

ボソームのジメチル化によるマクロライド系薬結合能の低下による。msrA は ATP 依存性の薬剤排泄ポンプをコードしており，マクロライド系薬を菌体外へ放出することにより感受性を低下させる。また，mphC はマクロライド系薬そのものを不活化する酵素をコードしており，これにより感受性を低下させる。

CNS のテトラサイクリン系薬に対する耐性割合は，フィンランドで 9%，オランダで 16% であった [35]。Staphylococcus spp. のテトラサイクリン耐性機構として tetM, tetK および tetL が主に報告されている [14]。これら耐性遺伝子の作用機序は，OS における機序と同様であり，薬剤排泄ポンプ（tetK および tetL）とリボソームの保護（tetM）である。

CNS および SA のアミノグリコシド耐性に関わる主な耐性遺伝子として aacA-aphD, aadD および aphA3 が報告されている [37]。これらのアミノグリコシド耐性遺伝子は主にプラスミドにコードされており，aacA-aphD はアセチル化およびリン酸化することで，aadD はアデニル化，aphA3 はリン酸化することで，アミノグリコシド系薬を不活化し感受性を低下させる。

疫学情報として Gao らの報告では，乳房炎由来 SA ではペニシリン耐性株のすべてが blaZ を保有していた [8]。またエリスロマイシン耐性株のすべてが ermC を保有していた [8]。一方で ermC を保有しているにも関わらずエリスロマイシン感受性株が数株存在しており，必ずしも遺伝子の保有と表現型が一致しなかった。テトラサイクリン耐性株のすべてが tetM を保有しており，なかには tetK も同時に保有している株も存在した [8]。一部の例外を除き，耐性遺伝子の保有は薬剤耐性に直結している。よって，薬剤耐性菌・薬剤耐性遺伝子の制御には，耐性遺伝子の拡散を含めたモニタリングが重要である。

4. マイコプラズマ属菌

乳房炎の原因菌としての Mycoplasma spp. に関する報告は非常に少なく，耐性割合についての情報はさらに少ない。しかし，日本における Kawai らの報告では，乳房炎原因菌としてのマイコプラズマ・ボビス（Mycoplasma bovis：MB），M. californicu および M. bovigenitalium の薬剤感受性を測定したところ，M. californicum および M. bovigenitalium においてマクロライド系薬，フルオロキノロン系薬，テトラサイクリ

ン系薬およびPLMに感受性を示したものの，MBが感受性を示したのはフルオロキノロン系薬およびPLMのみであった［15］。

　一般的にMycoplasma spp.の菌体内では，プラスミドなどの外来遺伝子が機能しないことが知られているため，プラスミドを介した耐性機構は存在しない。そのため，プラスミドを介した耐性機構が主なものであるテトラサイクリン系薬に対する耐性を獲得しにくいと考えられている。

　これまで，ほかのMycoplasma spp.において16S rRNAの変異によるテトラサイクリン系薬剤に対する感受性の低下が報告されているが［3］，国内のMBにおけるテトラサイクリン系薬に対する感受性低下の原因についてもさらなる研究が必要と考えられる。また，MBでの報告はないものの，ほかのMycoplasma spp.の実験結果よりマクロライド系薬に対して感受性の低下を示した理由としては，マクロライド系薬の標的部位であるリボソーム内の点突然変異が原因と考えられる［26］。フルオロキノロン系薬に対して感受性の低下を示したのはCOの耐性機構と同様にQRDRの変異によるものであった［31］。Mycoplasma spp.における薬剤耐性の獲得は，基本的には突然変異によるものであり，水平伝達などによる急速な拡散は予想しにくい。

References

[1] Bozdogan, B., Berrezouga, L., Kuo, M. S., Yurek, D. A., Farley, K. A., Stockman, B. J. and Leclercq, R. 1999. A new resistance gene, linB, conferring resistance to lincosamides by nucleotidylation in *Enterococcus faecium* HM1025. *Antimicrob Agents Chemother*. **43** (4): 925–929.

[2] D'Andrea, M. M., Arena, F., Pallecchi, L. and Rossolini, G. M. 2013. CTX-M-type β-lactamases: a successful story of antibiotic resistance. *Int J Med Microbiol*. **303** (6-7): 305–317. doi: 10.1016/j.ijmm.2013.02.008

[3] Dégrange, S., Renaudin, H., Charron, A., Pereyre, S., Bébéar, C. and Bébéar, C. M. 2008. Reduced susceptibility to tetracyclines is associated *in vitro* with the presence of 16S rRNA mutations in *Mycoplasma hominis* and *Mycoplasma pneumoniae*. *J Antimicrob Chemother*. **61** (6): 1390–1392. doi: 10.1093/jac/dkn118

[4] Duarte, R. S., Miranda, O. P., Bellei, B. C., Brito, M. A. and Teixeira, L. M. 2004. Phenotypic and molecular characteristics of *Streptococcus agalactiae* isolates recovered from milk of dairy cows in Brazil. *J Clin Microbiol*. **42** (9): 4214–4222. doi: 10.1128/JCM.42.9.4214-4222.2004

[5] Duarte, R. S., Bellei, B. C., Miranda, O. P., Brito, M. A. and Teixeira, L. M. 2005. Distribution of antimicrobial resistance and virulence-related genes among Brazilian group B streptococci recovered from bovine and human sources. *Antimicrob Agents Chemother*. **49** (1): 97–103. doi: 10.1128/AAC.49.1.97-103.2005

[6] Ewers, C., Bethe, A., Semmler, T., Guenther, S. and Wieler, L. H. 2012. Extended-spectrum beta-lactamase-producing and AmpC-producing *Escherichia coli* from livestock and companion animals, and their putative impact on public health: a global perspective. *Clin Microbiol Infect*. **18** (7): 646–655. doi: 10.1111/j.1469-0691.2012.03850.x

[7] Frey, Y., Rodriguez, J. P., Thomann, A., Schwendener, S. and Perreten, V. 2013. Genetic characterization of antimicrobial resistance in coagulase-negative staphylococci from bovine mastitis milk. *J Dairy Sci*. **96** (4): 2247–2257. doi: 10.3168/jds.2012-6091

[8] Gao, J., Ferreri, M., Yu, F., Liu, X., Chen, L., Su, J. and Han, B. 2012. Molecular types and antibiotic resistance of *Staphylococcus aureus* isolates from bovine mastitis in a single herd in China. *Vet J*. **192** (3): 550–552. doi: 10.1016/j.tvjl.2011.08.030

[9] Gao, J., Yu, F. Q., Luo, L. P., He, J. Z., Hou, R. G., Zhang, H. Q., Li, S. M., Su, J. L. and Han, B. 2012. Antibiotic resistance of *Streptococcus agalactiae* from cows with mastitis. *Vet J.* **194** (3): 423–424. doi: 10.1016/j.tvjl.2012.04.020

[10] Haenni, M., Galofaro, L., Ythier, M., Giddey, M., Majcherczyk, P., Moreillon, P. and Madec, J. Y. 2010. Penicillin-binding protein gene alterations in *Streptococcus uberis* isolates presenting decreased susceptibility to penicillin. *Antimicrob Agents Chemother.* **54** (3): 1140–1145. doi: 10.1128/AAC.00915-09

[11] Haftu, R., Taddele, H., Gugsa, G. and Kalayou, S. 2012. Prevalence, bacterial causes, and antimicrobial susceptibility profile of mastitis isolates from cows in large-scale dairy farms of Northern Ethiopia. *Trop Anim Health Prod.* **44** (7): 1765–1771. doi: 10.1007/s11250-012-0135-z

[12] Hendriksen, R. S., Mevius, D. J., Schroeter, A., Teale, C., Meunier, D., Butaye, P., Franco, A., Utinane, A., Amado, A., Moreno, M., Greko, C., Stärk, K., Berghold, C., Myllyniemi, A. L., Wasyl, D., Sunde, M. and Aarestrup, F. M. 2008. Prevalence of antimicrobial resistance among bacterial pathogens isolated from cattle in different European countries: 2002-2004. *Acta Vet Scand.* **50**: 28. doi: 10.1186/1751-0147-50-28

[13] Jagielski, T., Puacz, E., Lisowski, A., Siedlecki, P., Dudziak, W., Międzobrodzki, J. and Krukowski, H. 2014. Short communication: Antimicrobial susceptibility profiling and genotyping of *Staphylococcus aureus* isolates from bovine mastitis in Poland. *J Dairy Sci.* **97** (10): 6122–6128. doi: 10.3168/jds.2014-8321

[14] Jamali, H., Radmehr, B. and Ismail, S. 2014. Short communication: prevalence and antibiotic resistance of *Staphylococcus aureus* isolated from bovine clinical mastitis. *J Dairy Sci.* **97** (4): 2226–2230. doi: 10.3168/jds.2013-7509

[15] Kawai, K., Higuchi, H., Iwano, H., Iwakuma, A., Onda, K., Sato, R., Hayashi, T., Nagahata, H. and Oshida, T. 2014. Antimicrobial susceptibilities of *Mycoplasma* isolated from bovine mastitis in Japan. *Anim Sci J.* **85** (1): 96–99. doi: 10.1111/asj.12144

[16] Li, X. Z. 2005. Quinolone resistance in bacteria: emphasis on plasmid-mediated mechanisms. *Int J Antimicrob Agents.* **25** (6): 453–463. doi: 10.1016/j.ijantimicag.2005.04.002

[17] Loch, I. M., Glenn, K. and Zadoks, R. N. 2005. Zadoks, Macrolide and lincosamide resistance genes of environmental streptococci from bovine milk. *Vet Microbiol.* **111** (1–2): 133–138. doi: 10.1016/j.vetmic.2005.09.001

[18] Lüthje, P. and Schwarz, S. 2006. Antimicrobial resistance of coagulase-negative staphylococci from bovine subclinical mastitis with particular reference to macrolide-lincosamide resistance phenotypes and genotypes. *J Antimicrob Chemother.* **57** (5): 966–969. doi: 10.1093/jac/dkl061

[19] McCallum, N., Berger-Bächi, B. and Senn, M. M. 2010. Regulation of antibiotic resistance in *Staphylococcus aureus*. *Int J Med Microbiol.* **300** (2–3): 118–129. doi: 10.1016/j.ijmm.2009.08.015

[20] Metzger, S. A. and Hogan, J. S. 2013. Short communication: antimicrobial susceptibility and frequency of resistance genes in *Escherichia coli* isolated from bovine mastitis. *J Dairy Sci.* **96** (5): 3044–3049. doi: 10.3168/jds.2012-6402

[21] Minst, K., Märtlbauer, E., Miller, T. and Meyer, C. 2012. Short communication: *Streptococcus* species isolated from mastitis milk samples in Germany and their resistance to antimicrobial agents. *J Dairy Sci.* **95** (12): 6957–6962. doi: 10.3168/jds.2012-585

[22] Nam, H. M., Lim, S. K., Kang, H. M., Kim, J. M., Moon, J. S., Jang, K. C., Joo, Y. S., Kang, M. I. and Jung, S. C. 2009. Antimicrobial resistance of streptococci isolated from mastitic bovine milk samples in Korea. *J Vet Diagn Invest.* **21** (5): 698–701. doi: 10.1177/104063870902100517

[23] Ohnishi, M., Okatani, A. T., Harada, K., Sawada, T., Marumo, K., Murakami, M., Sato, R., Esaki, H., Shimura, K., Kato, H., Uchida, N. and Takahashi, T. 2013. Genetic characteristics of CTX-M-type extended-spectrum-beta-lactamase (ESBL)-producing enterobacteriaceae involved in mastitis cases on Japanese dairy farms, 2007 to 2011. *J Clin Microbiol.* **51** (9): 3117–3122. doi: 10.1128/JCM.00920-13

[24] Pitkälä A., Haveri, M., Pyörälä S., Myllys, V. and Honkanen-Buzalski, T. 2004. Bovine mastitis in Finland 2001--prevalence, distribution of bacteria, and antimicrobial resistance. *J Dairy Sci.* **87** (8): 2433–2441. doi: 10.3168/jds.S0022-0302(04)73366-4

[25] Pitkälä A., Koort, J. and Björkroth, J. 2008. Identification and antimicrobial resistance of *Streptococcus uberis* and *Streptococcus parauberis* isolated from bovine milk samples. *J Dairy Sci.* **91** (10): 4075-4081. doi: 10.3168/jds.2008-1040

[26] Principi, N. and Esposito, S. 2013. Macrolide-resistant Mycoplasma pneumoniae: its role in respiratory infection. *J Antimicrob Chemother.* **68** (3): 506-511. doi: 10.1093/jac/dks457

[27] Rato, M. G., Bexiga, R., Florindo, C., Cavaco, L. M., Vilela, C. L. and Santos-Sanches, I. 2013. Antimicrobial resistance and molecular epidemiology of streptococci from bovine mastitis. *Vet Microbiol.* **161** (3-4): 286-294. doi: 10.1016/j.vetmic.2012.07.043

[28] Rüegsegger, F., Ruf, J., Tschuor, A., Sigrist, Y., Rosskopf, M. and Hässig, M. 2014. Antimicrobial susceptibility of mastitis pathogens of dairy cows in Switzerland. *Schweiz Arch Tierheilkd.* **156** (10): 483-488. doi: 10.1024/0036-7281/a000635

[29] Saini, V., McClure, J. T., Léger, D., Keefe, G. P., Scholl, D. T., Morck, D. W. and Barkema, H. W. 2012. Antimicrobial resistance profiles of common mastitis pathogens on Canadian dairy farms. *J Dairy Sci.* **95** (8): 4319-4332. doi: 10.3168/jds.2012-5373

[30] 酒見蓉子，御囲雅昭，篠田浩二郎，村松康和，上野弘志，田村豊．2010．北海道石狩地域における牛乳房炎由来 *Escherichia coli* および *Klebsiella* 属菌の薬剤感受性．日本獣医師会雑誌 **63**：215-218．

[31] Sato, T., Okubo, T., Usui, M., Higuchi, H. and Tamura, Y. 2013. Amino acid substitutions in GyrA and ParC are associated with fluoroquinolone resistance in *Mycoplasma bovis* isolates from Japanese dairy calves. *J Vet Med Sci.* **75** (8): 1063-1065. doi: 10.1292/jvms.12-0508

[32] Schwaiger, K., Hölzel, C. and Bauer, J. 2010. Resistance gene patterns of tetracycline resistant *Escherichia coli* of human and porcine origin. *Vet Microbiol.* **142** (3-4): 329-336. doi: 10.1016/j.vetmic.2009.09.066

[33] Speer, B. S., Shoemaker, N. B. and Salyers, A. A. 1992. Bacterial resistance to tetracycline: mechanisms, transfer, and clinical significance. *Clin Microbiol Rev.* **5** (4): 387-399.

[34] Su, Y., Yu, C. Y., Tsai, Y., Wang, S. H., Lee, C. and Chu, C. 2014. Fluoroquinolone-resistant and extended-spectrum β-lactamase-producing *Escherichia coli* from the milk of cows with clinical mastitis in Southern Taiwan.. *J Microbiol Immunol Infect.* doi: 10.1016/j.jmii.2014.10.003

[35] Taponen, S. and Pyörälä S. 2009. Coagulase-negative staphylococci as cause of bovine mastitis- not so different from *Staphylococcus aureus*? *Vet Microbiol.* **134** (1-2): 29-36. doi: 10.1016/j.vetmic.2008.09.011

[36] Wachino, J. and Arakawa, Y. 2012. Exogenously acquired 16S rRNA methyltransferases found in aminoglycoside-resistant pathogenic Gram-negative bacteria: an update. *Drug Resist Updat.* **15** (3): 133-148. doi: 10.1016/j.drup.2012.05.001

[37] Wendlandt, S., Feßler, A. T., Monecke, S., Ehricht, R., Schwarz, S. and Kadlec, K. 2013. The diversity of antimicrobial resistance genes among staphylococci of animal origin. *Int J Med Microbiol.* **303** (6-7): 338-349. doi: 10.1016/j.ijmm.2013.02.006

第9章 乳房炎治療薬の特徴と使用に係る法規制

Executive Summary

1. 乳房炎治療薬は，その剤型から注射剤と乳房注入剤に大別され，乳房注入剤は，その使用時期から泌乳期用と乾乳期用に分けられる。
2. 日本での乳房注入剤は，1950～1980年代にはペニシリン・ジヒドロストレプトマイシンが，1990年代以降はセファゾリン（CEZ）が主に使用されている。
3. 抗菌薬の作用機序には，細菌に対して殺菌的作用するものと静菌的に作用するものがある。
4. 抗菌薬は，投与後の血中濃度が高いほど薬効が高くなる濃度依存型と，血中濃度が最小発育阻止濃度（minimum inhibitory concentration：MIC）以上の維持時間帯が長いほど薬効が高い時間依存型に分けられる。
5. 乳房炎の治療にあたっては，作用機序や特徴を勘案して使用する抗菌剤を選択する必要がある。
6. 獣医師法で抗菌剤の投与・処方にあたっては獣医師自らが診察することが義務付けられている（要診察医薬品）。
7. 「医薬品，医療機器等の品質，有効性及び安全性の確保等に関する法律」では抗菌剤は要指示医薬品である。また，使用者が遵守すべき基準が定められているため，特に使用禁止期間を守って乳等を出荷しなければならない。
8. 抗菌剤は，法令や用法用量を遵守し，使用上の注意を守り正しく使うことが基本であるが，使用すべきか否かの判断を含め抗菌剤の必要な時に適正に使用し，その効果を最大限に発揮させ耐性菌の発現を最小限に抑えるという「慎重使用」が求められている。

Literature Review

1. 乳房炎治療薬の種類

(1) 乳房注入剤の歴史

乳房炎の治療には，抗菌剤の乳房内投与が有効で，各種の乳房注入剤が市販されている。ではこの乳房注入剤は，誰が発明したのだろうか？

まず，1930年代に発見されたサルファ剤が牛の乳房炎治療に応用された［1, 12, 13］。それらの報告ではサルファ剤の経口投与が試みられていたが，いずれも効果が見られず，その理由のひとつは乳房組織内でサルファ剤が菌に対

する有効濃度を維持できないためと考えられた。1942年，米国のKakavasらは，スルファニルアミドを流動パラフィンに乳化したものを直接乳房内に1日1回，4日間連続投与することで乳房内のスルファニルアミド濃度を維持し，無乳性レンサ球菌（*Streptococcus agalactiae*：SAG）による乳房炎を治癒できると報告した[10]。本論文が乳房注入剤の最初と思われる。

初めての抗生物質であるペニシリン（PC）は，英国のFlemmingにより1928年に発見されたが，臨床応用としては第2次世界大戦中に化膿症や肺炎に用いられ，多くの負傷兵を助けた。PCのこれらの有効性から，直ちに動物における治療研究が始まった[2]。乳房炎に対しては，1944年に米国のKakavasがPCの乳房内投与を行い，レンサ球菌性乳房炎に著効であったが，ブドウ球菌性乳房炎に対する効果は大きくなかったと報告した[9]。

日本では，1950年に吉田らが，PCを蒸留水またはワセリンに溶解し乳房内投与したところ，蒸留水では乳房組織に対する刺激が大きいため，ワセリンなどの軟膏剤が優れていることを報告した[32]。その後も吉田らは，乳房炎の化学療法について精力的に研究報告し[31, 33]，乳房注入剤の実用化に貢献した。

その後，PCを始めとする抗生物質製剤の技術開発や製造が日本でも盛んになり，その品質管理には生物学的製剤と同様に高度な技術を要するとの判断で，抗生物質製剤も1954年に国家検定の対象となった。乳房注入剤は1955年から検定が開始された。1955年にはペニシリン5ロット，クロールテトラサイクリン2ロットおよびペニシリン・ジヒドロストレプトマイシン複合製剤6ロットが検定に合格したが，翌年にはオキシテトラサイクリン（OTC）とペニシリン・ストレプトマイシン複合製剤が加わり，5製剤115ロットとなった。1961年には9製剤214ロット，1960年代後半には17製剤433ロットとなり，検定が廃止された1995年まで同程度で推移した[22～24]。どの年代においてもペニシリン・ジヒドロストレプトマイシン複合製剤がよく使用され，1960年代後半から20年間はペニシリン・ジヒドロストレプトマイシン・フラジオマイシン複合製剤も多用された。1987年からはCEZの使用が開始され，1991年には乳房注入剤の主流となり，現在に至っている。

（2）乳房炎治療薬の現状

1）乳房炎治療薬の剤型

牛乳房炎の治療薬として日本で市販されているものを**表9-1～9-3**に示した[6, 21]。乳房炎治療薬は，その剤型から注射剤と乳房注入剤に大別され，乳房注入剤はその使用時期から泌乳期用と乾乳期用に分けられる。

注射剤は，乳房炎専用薬ではなく，肺炎や下痢などの治療に効能を持つほか，豚や犬などにも使用され，有効菌種もそれらの組み合わせで承認されているが，表中の適応症および有効菌種は乳房炎に限定して記載した。

2）乳房炎治療薬の効能効果

抗菌剤の効能効果は，原則適応症と有効菌種を記載することになっており，それらは主に臨床試験成績から選定されている。特に有効菌種については，*in vitro*での抗菌活性は幅広くに認められるのが通例である。臨床試験で少数例しか実証されていない細菌については有効菌種としては承認されていない。また，近年では耐性菌を念頭において，「本剤感受性の○○菌」と限定して承認されることも増えてきた。なお，複合製剤およびサルファ剤については，有効菌種は指定されていない。その理由は定かでないが，おそらくサルファ剤は古くから承認されており，当時は承認の要求事項とされていなかったためと推察される。複合製剤については，それぞれ単体の有効菌種から想定できるとのことであろうか。

表 9-1 乳房炎治療薬一覧（注射剤）

系統	成分名[※1]	商品名（販売会社名[※2]）	用法
ペニシリン系	ABPC	アンピシリン注射液 NZ（全薬） 水性アンピシリン注「KS」（共立） 水性懸濁アンピシリン注「明治」（Meiji Seika P）	筋肉内, 皮下
		アンピシリンナトリウム注「フジタ」（フジタ） 注射用アンピシリンナトリウム NZ（全薬） 注射用アンピシリン Na「KS」（共立） 注射用ビクシリン（Meiji Seika P）	静脈内
	ABPC・MCIPC	インタゲン（フジタ） 注射用ベテシリン（Meiji Seika P）,	静脈内
	PCG	懸濁水性プロカインペニシリン G 注 NZ（全薬） 懸濁水性プロカインペニシリン G「文永堂」（文永堂） 懸濁水性プロカインペニシリン G 明治（Meiji Seika P） 動物用懸濁水性プロカインペニシリン G（田村） 動物用懸濁水性プロカインペニシリン G ゾル「KS」（共立） 動物用懸濁水性プロカインペニシリン G 注射液「理研」（理研畜産）	筋肉内
		結晶ペニシリン G 明治（Meiji Seika P）	静脈内
セファロスポリン系	CEZ	セファゾリン注「KS」（共立） セファゾリン注「フジタ」（フジタ） 動物用セファゾリン注「明治」（Meiji Seika P） セファメジン注「動物用」（インターベット）	筋肉内, 静脈内
アミノグリコシド系	DSM	ジヒドロストレプトマイシン注射液「タムラ」（田村）	筋肉内
	KM	カナマイシン注 NZ（全薬） カナマイシン注 100, 250「フジタ」（フジタ） 注射用硫酸カナマイシン明治（Meiji Seika P） 硫酸カナマイシン注 100, 250「KS」（共立） 硫酸カナマイシン注射液 100, 250 明治（Meiji Seika P）	筋肉内
アミノグリコシド系・ ペニシリン系	DSM・PCG	懸濁水性マイシリン注 NZ（全薬） 動物用マイシリンゾル「KS」（共立） マイシリン・ゾル「タムラ」（田村） マイシリンゾル明治（Meiji Seika P） 理研マイシリン（理研畜産）	筋肉内
マクロライド系	TS	動物用タイラン 200 注射液（全薬） タイロシン注 200「SP」（インターベット） タイロシン注 200「KS」（共立）	筋肉内
テトラサイクリン系	OTC	エンゲマイシン 10％注射液（インターベット） オキシテトラサイクリン注 NZ（全薬） OTC 注「KS」（共立） OTC 注 10％「フジタ」（フジタ） テトラジン（理研畜産） 動物用ユナシルン注（文永堂）	筋肉内, 静脈内, 腹腔内, 皮下
サルファ剤	SDM	アプシード注 20％（Meiji Seika P） 10％サルトキシン注（理研畜産） ジメトキシン注 NZ（全薬）	筋肉内, 静脈内
フルオロキノロン系	ERFX	バイトリル 10％注射液（バイエル）	静脈内

※1 ABPC：アンピシリン, MCIPC：クロキサシリン, PCG：ベンジルペニシリン, CEZ：セファゾリン, DSM：ジヒドロストレプトマイシン, KM：カナマイシン, TS：タイロシン, OTC：オキシテトラサイクリン, SDM：スルファジメトキシン, ERFX：エンロフロキサシン

用量	適応症	有効菌種	使用禁止期間
添付懸濁用液全量を用い，1mLあたり150mg（力価）の水性懸濁注射液とする。1日1回，体重1kgあたり3〜10mg（力価）注射する。ただし，重症例には上記量1日2回または上記量の倍量まで増量する。	乳房炎	本剤感受性のブドウ球菌，レンサ球菌，大腸菌，コリネバクテリウム，クレブシエラ，プロテウス	牛：28日間，牛乳：72時間
用時，日局注射用水または日局生理食塩液を用い，1g（力価）あたり5mLに溶解する。1日1回体重1Kgあたり4〜8mg（力価）注射する。	乳房炎	本剤感受性のブドウ球菌，レンサ球菌，大腸菌，コリネバクテリウム	牛：3日間，牛乳：72時間
用時，注射用水または生理食塩液を用い，ABPCおよびMCIPCの合計力価として1g（力価）あたり5mLに溶解する。1日1回体重1kgあたり，合計力価として8〜12mg（力価）注射する。	急性の乳房炎		牛：3日間，牛乳：72時間
通常1日1回体重1kgあたり，PCGとして10,000〜15,000単位を注射する。	乳房炎	本剤感受性のブドウ球菌，レンサ球菌，コリネバクテリウム	牛：14日間，牛乳：96時間
本剤は用時，注射用水または生理食塩液を用い20〜30mLに溶解する。1日1回体重1kgあたり，PCGとして2,000〜5,000単位を静脈内に注射する。	乳房炎	本剤感受性のブドウ球菌，レンサ球菌	牛：3日間，牛乳：48時間
用時，注射用水または生理食塩液で溶解し，1mLあたりCEZとして約100mg（力価）に調製して用いる。1日1回体重1kgあたりCEZとして5mg力価を静脈内又は筋肉内に注射する。	乳房炎	ブドウ球菌，レンサ球菌，パスツレラ，大腸菌，サルモネラ，クレブシエラ	牛：3日間，牛乳：36時間
1日1回体重1Kgあたり5〜25mg（力価）。ただし搾乳牛（食用に供するために出荷する乳を泌乳している牛をいう）の場合は5〜10mg（力価）を筋肉内に注射する。	乳房炎	本剤感受性のブドウ球菌，コリネバクテリウム，大腸菌，サルモネラ，クレブシエラ，プロテウス	牛：90日間，牛乳：72時間
1日1回，体重1kgあたりKMとして5〜10mg（力価）を筋肉内に注射する。	乳房炎	本剤感受性のブドウ球菌，大腸菌，コリネバクテリウム，サルモネラ，プロテウス，パスツレラ	牛：30日間，牛乳：36時間
1日1回，体重1kgあたり0.02〜0.05mLを筋肉内に注射する。	乳房炎		牛：90日間，牛乳：96時間
1日1回，体重1kgあたりTSとして4〜10mg（力価）を1〜5日で筋肉内に注射する。	乳房炎	マイコプラズマ，本剤感受性のブドウ球菌，レンサ球菌	牛：28日間，牛乳：96時間
1日1回，体重1kgあたりOTCとして2〜10mg（力価）を注射する。	乳房炎	本剤感受性のブドウ球菌，レンサ球菌，コリネバクテリウム，大腸菌，サルモネラ	牛：14日間，牛乳：72時間
体重1kgあたりSDMとして初日には20〜50mgを，2日目以降はその半量を1日1回注射する。	乳房炎		牛：14日間，牛乳：120時間
1日1回，体重1kgあたりERFXとして5mgを2日間注射する。	第一次選択薬が無効の場合の甚急性および急性乳房炎	本剤感受性の Klebsiella pneumoniae，大腸菌	牛：8日間，牛乳：60時間

※2 ㈱インターベット：インターベット，共立製薬㈱：共立，田村製薬㈱：田村，日本全薬㈱：全薬，バイエル薬品㈱：バイエル，フジタ製薬㈱：フジタ，文永堂薬品㈱：文永堂，Meiji Seika ファルマ㈱：Meiji Seika P，理研畜産化薬㈱：理研畜産

表 9-2 乳房炎治療薬一覧(乳房注入剤・泌乳期用)

系統	成分名[※1]	商品名(販売会社名[※2])	用法
ペニシリン系	MDIPC	泌乳期用ジクロキサシリンジ(共立) ホーミング DX(理研畜産)	乳房内
	NFPC	カヤテン・L(共立)	乳房内
アミノグリコシド系・ ペニシリン系	PCG・DSM	ニューサルマイ S(全薬) ホーミング MC(理研畜産) マストップ・L(共立) リケンプロマイシン PD(理研畜産)	乳房内
	PCG・KM	カナマスチンディスポ(Meiji Seika P) タイニー PK(フジタ)	乳房内
	PCG・FRM	ハイポリ S(全薬)	乳房内
セファロスポリン系	CEZ	セファゾリン L, 3L「フジタ」(フジタ) セファゾリン LC「KS」(共立) セファメジン S(全薬) セファメジン QR(全薬)	乳房内
	CEPR	KP ラック -5G(ゾエティス) セファピリン L「フジタ」(フジタ)	乳房内
	CXM	セフロキシム L「フジタ」(フジタ) 泌乳期用スペクトラゾール(インターベット) 泌乳期用セフロキシム -M(DS ファーマ)	乳房内
マクロライド系	EM	ガーディアン L(フジタ) ガーディアン CL(DS ファーマ)	乳房内
リンコマイシン系	PLM	ピルスー(ゾエティス)	乳房内
テトラサイクリン系	OTC	オキシテトラサイクリン乳房炎用液 NZ(全薬)	乳房内
その他	グリチルリチン	マストリチン(共立)	乳房内

※1 MDIPC:ジクロキサシリン,NFPC:ナフシリン,FRM:フラジオマイシン,CEPR:セファピリン,CXM:セフロキシム,EM:エリスロマイシン,PLM:ピルリマイシン
上記以外の略語については表 9-1(p.102)を参照。

3)乳房炎治療薬の使用量

乳房炎治療薬は,日本でどの程度使用されているのだろうか? 前述したように注射剤は,乳房炎治療以外でも使用されているため,ここでは乳房注入剤に限定して記載する。

動物用抗菌剤(駆虫薬を除く)の 2012 年の販売量は,原末換算すると 767 t である[26]。そのうち乳房注入剤は,2.5 t(0.3%)を占めており,図 9-1 には成分ごとの原末換算量を示した。CEZ が最も多く 739 kg,以下,ジヒドロストレプトマイシン(DSM)543 kg,ベンジルペニシリン(PCG)344 kg,セファロニウム(CEL)237 kg,セフロキシム(CXM)175 kg となっている。

販売高ベースでみると,2012 年の全ての動物用医薬品の販売高は 859 億円であり,抗菌剤は 256 億円(29%),乳房注入剤は 16.5 億円(2%)であった[25]。

4)乳房注入剤への青色 1 号の添加

多くの乳房注入剤は,乳房組織の保護と薬剤の乳房内の保持を図るため,流動パラフィン,

用量	適応症	有効菌種	使用禁止期間 （　）は休薬期間
1日1回1分房あたりMDIPCとして200mg（力価）を症状により1～3日間注入する。	泌乳期の乳房炎	ブドウ球菌，レンサ球菌，コリネバクテリウム	（牛：3日間，牛乳：72時間）
1日1回1分房あたりNFPCとして250mg（力価）を1～3日間乳房内に注入する。	急性・慢性・潜在性乳房炎	本剤感受性のブドウ球菌，レンサ球菌	牛：14日間，牛乳：132時間
1日1回1分房あたり1容器を注入する。	泌乳期の乳房炎		牛：11日間，牛乳：96時間
1日1回1分房あたり1容器を注入する。	泌乳期の乳房炎		牛：50日間，牛乳：96時間
1日1回1分房あたり1容器を注入する。	泌乳期の乳房炎		（牛：7日間，牛乳：108時間）
1日1回1分房あたり1容器を注入する。	泌乳期の乳房炎	ブドウ球菌，レンサ球菌，大腸菌，コリネバクテリウム，クレブシエラ	牛：3日間，牛乳：72時間
1日1回1分房あたり1容器を3日間注入する。	泌乳期の乳房炎	ブドウ球菌，レンサ球菌，コリネバクテリウム	（牛：4日間，牛乳：72時間）
1日1～2回計3回搾乳後に1分房あたり1容器［セフロキシムナトリウムとして250mg（力価）］を注入する	泌乳期の乳房炎	ブドウ球菌，レンサ球菌，大腸菌，コリネバクテリウム，クレブシエラ	牛：2日間，牛乳：72時間
1日1回1分房あたり1容器を注入する。	泌乳期の乳房炎	EM感受性のブドウ球菌，レンサ球菌	牛：5日間，牛乳：72時間
1日1回1分房あたり1容器を2日間注入する。	泌乳期の乳房炎	本剤感受性のブドウ球菌，レンサ球菌	牛：20日間，牛乳：60時間
1日1～2回1分房あたり1容器（OTCとして450mg力価）を注入する。	急性・慢性・潜在性乳房炎	本剤感受性のブドウ球菌，レンサ球菌，大腸菌，コリネバクテリウム	（牛：14日間，牛乳：144時間）
1分房あたり10mL（グリチルリチン酸として600mg）を泌乳期の乳房炎発症乳房内に注入する。投与は1症例につき1回とする。本剤投与後，直ちに泌乳期用乳房注入剤（有効成分じltZ）を用法・用量に従って投与する。	牛の泌乳期乳房炎における炎症の改善		（牛：3日間，牛乳：72時間）

※2　㈱インターベット：インターベット，共立製薬㈱：共立，ゾエティス・ジャパン㈱：ゾエティス，DSファーマアニマルヘルス㈱：DSファーマ，日本全薬㈱：全薬，フジタ製薬㈱：フジタ，Meiji Seika ファルマ㈱：Meiji Seika P，理研畜産化薬㈱：理研畜産

ゴマ油，落花生油などの油を基剤として製剤化されている。1960年代後半から，畜水産物中への動物用医薬品，特に抗菌薬の残留が問題視され，乳房注入剤使用後の牛乳中への移行防止策が求められた。その対策として1970年に農林水産省畜産局長通達により，全ての抗生物質乳房注入剤への色素添加が行われるようになった[20]。色素としては食品添加物である青色1号が推奨された。これにより，乳房注入剤使用後48～72時間の間に搾乳された牛乳は青色に着色され，肉眼的に識別できるようになり，残留事例が少なくなった。

一方，牛乳中の青色1号の消長と乳房注入剤の主成分である抗菌薬の消長とは必ずしも一致するものでない。また，牛乳中の抗菌薬の残留は，科学的なデータに基づき休薬期間が設定されるので，青色1号が消失する期間以上の休薬期間が設定される製剤が出てくるようになり，青色1号の添加は無意味となってきた。そこで，2006年に動物用抗生物質製剤基準が改正され，青色1号の添加は任意となった[27]。後述するピルリマイシン（PLM）は，青色1

表 9-3 乳房炎治療薬一覧（乳房注入剤・乾乳期用）

系統	成分名[※1]	商品名（販売会社名[※2]）	用法
ペニシリン系	MDIPC	乾乳期用ジクロキサシリンジ（共立） 乾乳期用ジクロキサ乳房軟膏（共立）	乳房内
	NFPC	カヤテン・D（共立）	乳房内
アミノグリコシド系・ ペニシリン系	PCG・DSM	乾乳用軟膏A（全薬） 乾乳用ホーミングDC（理研畜産）	乳房内
セファロスポリン系	CEZ	セファゾリンD（フジタ） セファゾリンDC「KS」（共立） セファメジンDC（全薬）	乳房内
	CEPR	KPドライ-5G（ゾエティス）	乳房内
	CEL	乾乳期用セファロニウム-D（DSファーマ） 乾乳期用セプラビン（インターベット） セファロニウムD「フジタ」（フジタ）	乳房内
その他	LF	マストラック（共立）	乳房内

※1 CEL：セファロニウム，LF：ラクトフェリン
※2 ㈱インターベット：インターベット，共立製薬㈱：共立，ゾエティス・ジャパン㈱：ゾエティス，DSファーマアニマルヘルス㈱：DSファーマ，日本全薬㈱：全薬，フジタ製薬㈱：フジタ，理研畜産化薬㈱：理研畜産
上記以外の略語については表9-1（p.102），9-2（p.104）を参照。

号が添加されていない第1号の製剤である。

2. 抗菌薬の特徴

乳房炎治療薬として使用されている各抗菌薬について作用機序（図9-2），薬物動態，副作用などの特徴（表9-4）を以下に概説するが，詳細は成書など［3, 5, 18, 19, 29］を参照されたい。抗菌薬の作用は，普通は選択的であって，ある種の微生物あるいはある一群の微生物に対して作用を示す。抗菌薬が作用するこのような抗菌作用の範囲，すなわち感受性微生物の範囲を抗菌スペクトルと呼ぶ。乳房炎治療薬として使用されている抗菌薬について主に乳房炎原炎菌に対するスペクトルを表9-5に示した［4］。

(1) ペニシリン系薬

1) 作用機序など

ペニシリン系薬は，乳房炎原炎菌であるブドウ球菌やレンサ球菌などのグラム陽性菌に対する抗菌力に優れている。後述するセファロスポリン系薬とともに，その分子の中に共通にβ-ラクタム環という構造を持ち（図9-3），β-ラクタム系薬とも呼ばれる。β-ラクタム系薬は，細菌の細胞壁合成の最終段階であるペプチドグリカンの架橋反応を阻害し，殺菌的に作用する薬である。この細胞壁合成を担う酵素のひとつがペニシリン結合タンパク質（penicillin-binding protein：PBP）で，PBPが認識する「D-アラニル-D-アラニン」という構造がβ-ラクタム系薬の構造と似ているために，誤ってβ-ラクタム系薬と結合し，細胞壁合成が阻害

用量	適応症	有効菌種	使用禁止期間 （ ）は休薬期間
乾乳期初期に1分房あたりMDIPCとして500mg（力価）を注入する。	乾乳期の乳房炎	ブドウ球菌，レンサ球菌	（牛：30日間）
乾乳期初期に1分房あたりNFPCとして500mg（力価）を1回乳房内に注入する。	乾乳期の乳房炎	本剤感受性のブドウ球菌，レンサ球菌	牛：30日間
乾乳期初期に1分房あたり1容器を注入する。	乾乳期の乳房炎		牛：50日間
乾乳期初期に1分房あたり1容器を注入する。	乾乳期の乳房炎	ブドウ球菌，レンサ球菌，大腸菌，コリネバクテリウム，クレブシエラ	牛：30日間
乾乳期初期に1分房あたり1容器を注入する。	乾乳期の乳房炎	ブドウ球菌，レンサ球菌，コリネバクテリウム	（牛：30日間）
乾乳期初期に1分房あたりCELとして250mg（力価）（本剤1容器分）を注入する。	乾乳期の乳房炎	ブドウ球菌，レンサ球菌，大腸菌，コリネバクテリウム，クレブシエラ	牛：30日間
マストラック乾燥品をマストラック用溶解用液または日局「注射用水」を用いて溶解する。溶解後直ちに1分房あたり10mL（LFとして200mg）を乾乳後7〜14日の乳房内に注入する。投与は1回とする。溶解用液に日局「注射用水」を用いる場合には，1分房あたり10mLで溶解する。	分娩直後の乳房炎発生率の低減		

されるという仕組みである。細菌の細胞壁は，ペプチドグリカンを主成分とする細菌独自のものである。従って，細胞壁を持たないマイコプラズマや，細菌とは異なる細胞壁を持つ真菌に対してはβ-ラクタム系薬は抗菌作用を持たない。また，動物の細胞にも細胞壁がないので作用することなく，安全性の高い薬である。

ペニシリンが臨床応用されてからまもなく，ペニシリンを破壊する酵素（ペニシリナーゼ）を産生する黄色ブドウ球菌（*Staphylococcus aureus*：SA）が出現した。このペニシリナーゼは，β-ラクタム環を開裂させ抗菌活性を不活化させる酵素である。そこで，β-ラクタム環の側鎖に新しい物質を化学的に導入したメチシリン（DMPPC），ナフシリン（NFPC），クロキサシリン（MCIPC）などのペニシリナーゼ耐性薬が合成された。

2）薬物動態

ペニシリン系薬は，経口投与によって得られる血中濃度が，注射による場合に比べて低いことが多い。筋肉内注射では脳を除く組織に広く分布し，排泄経路である腎および胆汁での濃度は，血中より高い。乳汁中の濃度は，血中濃度より低いが，乳房炎牛では乳汁のpHが高まって血清のpHと同レベルになるため，乳汁中への移行量が高まるといわれている。

ペニシリン系薬は，その半減期が短く，牛では0.5〜1.2時間である。また，時間依存型抗菌薬に分類され，血中濃度をMIC以上に維持させるよう投与時間間隔に注意が必要となる。

ジクロキサシリンの乳房注入では，乳槽内に分散し大部分は乳汁とともに体外に排泄されるが，一部は乳腺組織を通じて血中に移行し，その大半が尿中に排泄される。

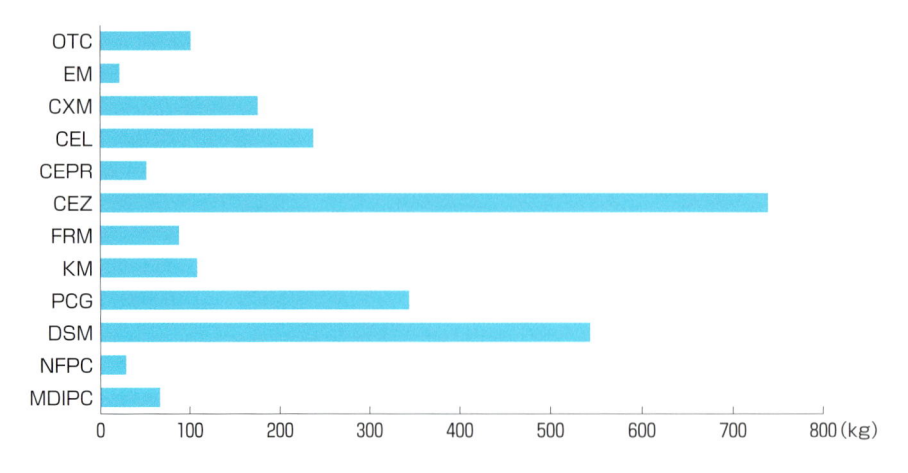

図 9-1　乳房注入剤原末換算量
FRM：硫酸フラジオマイシン
上記以外の略語については表 9-1〜9-3（p.102〜106）を参照。

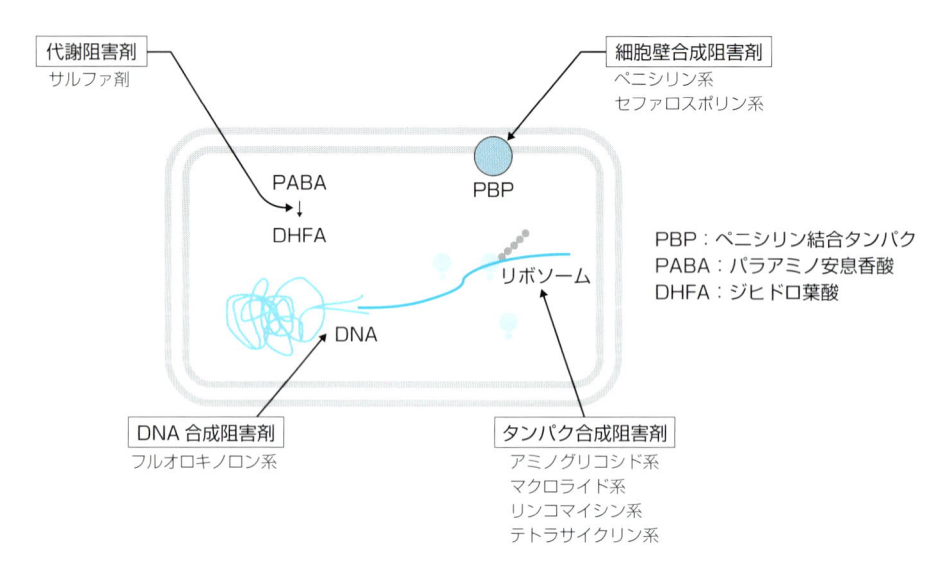

図 9-2　各抗菌薬の作用機序

3）副作用

　ペニシリン系薬の副作用としては，アナフィラキシーがよく知られている。投与後1〜3時間で発現し，顔面腫脹，呼吸促迫，発咳，流涎，流涙，後躯麻痺などの症状を示し，死亡するものもある。動物医薬品検査所の副作用情報では牛での報告例が多い［28］。

(2) セファロスポリン系薬

1）作用機序など

　セファロスポリン系薬は，4員環のβ-ラクタム環と6員環のジヒドロチアジン環が結合した構造を基本骨格とする（**図 9-4**）。ペニシリナーゼに抵抗し，R1とR2の二つの側鎖を持

表 9-4 抗菌薬の特徴

系統	作用機序	特徴等
ペニシリン系	細菌の細胞壁合成を阻害，殺菌的	半減期は短く，時間依存型
セファロスポリン系	細菌の細胞壁合成を阻害，殺菌的	半減期は短く，時間依存型
アミノグリコシド系	細菌のタンパク質の合成阻害，殺菌的	濃度依存型
マクロライド系	細菌のタンパク質の合成阻害，静菌的	時間依存型，組織・細胞内への移行性が高い
リンコマイシン系	細菌のタンパク質の合成阻害，静菌的	時間依存型
テトラサイクリン系	細菌のタンパク質の合成阻害，静菌的	時間依存型
サルファ剤	細菌の葉酸合成阻害，静菌的	血中濃度持続が長く，体内分布も良好
フルオロキノロン系	細菌の DNA の複製阻害，殺菌的	濃度依存型，第二次選択薬

表 9-5 乳房炎用抗菌薬の乳房炎原因菌に対する抗菌スペクトル

系統	成分名	グラム陽性菌 球菌 ブドウ球菌	グラム陽性菌 球菌 レンサ球菌	グラム陽性菌 桿菌 ツルペレラ	グラム陽性菌 桿菌 コリネバクテリウム	グラム陽性菌 桿菌 バチルス	グラム陰性菌 桿菌 大腸菌	グラム陰性菌 桿菌 クレブシエラ	グラム陰性菌 桿菌 プロテウス	グラム陰性菌 桿菌 パスツレラ	グラム陰性菌 桿菌 緑膿菌	マイコプラズマ
ペニシリン系	ABPC	●	●	●	●		●	●	●	●		
ペニシリン系	MCIPC	●	●	●	●							
ペニシリン系	MDIPC	●	●									
ペニシリン系	NFPC	●	●									
ペニシリン系	PCG	●	●	●	●	●				●		
セファロスポリン系	CEZ	●	●	●	●		●	●		●		
セファロスポリン系	CEPR	●	●	●	●		●					
セファロスポリン系	CEL	●	●	●	●		●	●	●			
セファロスポリン系	CXM	●	●	●	●		●	●				
アミノグリコシド系	DSM	●		●			●	●	●	●		
アミノグリコシド系	KM	●		●			●	●	●	●		
アミノグリコシド系	FRM	●	●	●			●	●	●	●		
マクロライド系	EM	●	●	●	●	●						●
マクロライド系	TS	●	●									●
リンコマイシン系	PLM	●	●			●						●
テトラサイクリン系	OTC	●	●	●		●	●	●	●	●		●
サルファ剤	SDM	●					●					
フルオロキノロン系	ERFX	●	●	●			●	●	●	●	●	

（文献［4］をもとに作成）

●：有効を示すが，●印がないものには未検討の場合も含まれる。
略語については表 9-1～9-3（p.102～106）を参照。

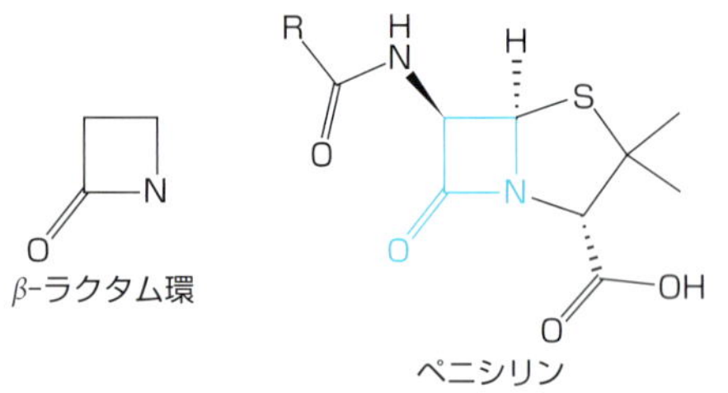

図9-3　β-ラクタム環とペニシリンの構造式

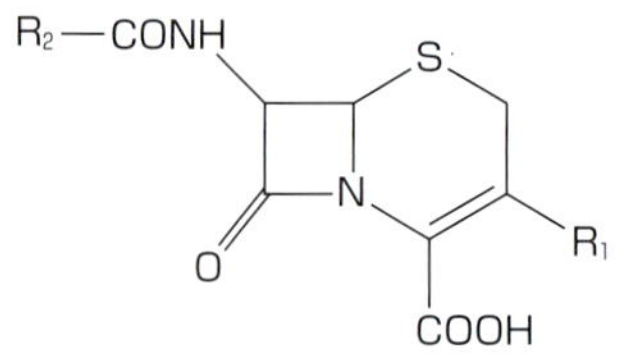

図9-4　セファロスポリン系薬の基本骨格

つため，それらの側鎖を置換させることで抗菌活性や薬物動態の多様性に富む。

　作用機序は，ペニシリン系薬で述べたように，細菌の細胞壁合成の最終段階であるペプチドグリカンの架橋反応を阻害し，殺菌的に作用する薬である。

　セファロスポリン系薬は，抗菌スペクトルの広さにより世代分類されている。第1世代のCEZ，セファピリン（CEPR）およびCELは，ブドウ球菌，レンサ球菌，コリネバクテリウムに対する抗菌力が強く，第2世代のCXMは，それらに加え大腸菌，クレブシエラに対する抗菌力が強化されている。セファロスポリン系薬では乳房注入剤としてCEZが最初に市販された。CEZには注射剤もあるが，CEPR，CELおよびCXMはいずれも乳房注入剤専用である。第3世代以降としてセフキノム（CQN），セフチオフル（CTF），セフォベシン（CFV）やセフポドキシム・プロキセチル（CPDR-PR）が承認されているが，乳房炎治療薬としては承認されていない。

2）薬物動態

　セファロスポリン系薬は，ペニシリン系薬と同様にその半減期が短く，時間依存型である。

　朝CEPRを乳房注入すると，乳汁中濃度は，注入日の夕刻に最高濃度に達し，注入後2日の夕刻～3日の朝には検出限界以下になる。血中濃度は，注入後4～8時間に最高濃度に達し，12時間後には検出限界以下になる。尿中濃度は，注入後8時間で最高濃度に達し，48時間後には検出限界以下になる。

3）副作用

　セファロスポリン系薬は，ペニシリン系薬と異なり過敏反応はほとんどなく，副作用の報告例もない。

（3）アミノグリコシド系薬

1）作用機序など

　アミノグリコシド系薬は，分子内に数々のアミノ糖とアミノシクリトールが結合した構造を基本骨格とする。米国のWaksmanは，1944年にストレプトマイシンを発見し，後にノーベル賞を受賞している。日本発の抗生物質であるカナマイシン（KM）は，1957年梅澤により発見された。

　抗菌スペクトルは，グラム陰性の大腸菌，サルモネラ，プロテウスからグラム陽性のブドウ球菌やコリネバクテリウムに至るまで比較的広範囲であるが，レンサ球菌や嫌気性菌に対してはほとんど抗菌活性がない。

　作用機序は，細菌の細胞質内リボソームの30Sサブユニットに結合し，mRNAのミスリーディングを引き起こし，タンパク質の合成を阻害する。その作用は殺菌的であり，単独投与で十分な治療効果が期待できるが，抗菌スペクトルの拡大と抗菌力の相乗的効果（シナジー効果）をめざし，細胞壁合成を阻害するベンジルペニシリン（PCG）と混合した乳房注入剤

が用いられている。

2）薬物動態

アミノグリコシド系薬は，水溶性であるが，消化管からほとんど吸収されないため，細菌性下痢症に対しては経口投与する以外は注射や注入で用いられる。

生体内で細菌と接触する薬剤の濃度が高いほど効果が増加する濃度依存型抗菌薬に分類される。一方，抗菌剤投与中止後，血中濃度がMIC以下になっても抗菌作用が持続するpost-antibiotic effect（PAE）を有する。

筋肉注射でほぼ全身に分布し，代謝を受けず未変化体のまま腎より排泄される。

3）副作用

アミノグリコシド系薬は，一般的に腎・尿路系への移行性が高いので，腎障害がある場合には注意が必要である。主要な副作用は，腎障害と第8脳神経障害（運動障害や聴障害）とされている。

（4）マクロライド系薬

1）作用機序など

マクロライド系薬は，メチル側鎖を有する巨大環状ラクト環の構造を基本骨格とする。ラクトン環構造から，動物用医薬品のうちエリスロマイシン（EM）は14員環系，ジョサマイシン（JM），タイロシン（TS），スピラマイシン（SPM），チルミコシン（TMS），ミロサマイシン（MRM）は16員環系，最近開発されたツラスロマイシン（TLTM），ガミスロマイシンは15員環系といわれる。EMは，マイコプラズマ肺炎にも有効な抗生物質として1952年米国で最初に市販された。

抗菌スペクトルは，グラム陽性の球菌・桿菌，マイコプラズマ，リケッチア，クラミジアまでに及ぶ。作用機序は，タンパク質の合成阻害で，細菌のリボソームと結合して50Sサブユニット上でペプチド鎖が伸長する際にペプチド転移酵素反応を阻害する。その作用は，静菌的である。

2）薬物動態

マクロライド系薬は，時間依存型抗菌薬に分類される。疎水性が高く，組織・細胞内によく移行し，血中濃度と同等かそれ以上の濃度に達する。主に肝で代謝され，排泄は大部分が胆汁を通して行われる。

泌乳牛に乳房内投与すると，乳房から血中に吸収され，一部は無注入の分房乳汁中に移行する。

3）副作用

マクロライド系薬は，安全性の高い抗菌薬であるが，肝障害や胃腸障害を起こすことがある。

（5）リンコマイシン系薬

1）作用機序など

リンコマイシン系薬の抗菌スペクトルや作用機序は，マクロライド系薬と類似している。グラム陽性の球菌・桿菌，マイコプラズマに対する抗菌力が優れている。作用機序は，細菌細胞のリボソーム50Sサブユニットの23S rRNAに結合し，ペプチド転移酵素反応を阻害して細菌のタンパク質合成を阻害する。その作用は静菌的である。

2）薬物動態

リンコマイシン系薬は，時間依存型抗菌薬に分類される。PLMを泌乳牛に乳房内投与すると，約50％が体内に吸収される。肝での濃度が最も高くなり，次いで腎，脂肪，筋肉の順である。肝・腎での代謝を経て，ふん尿中に排泄される[17]。

3）副作用

牛では特に報告されていない。

(6) テトラサイクリン系薬

1) 作用機序など

テトラサイクリン系薬は，その名のとおり炭素の6員環が4個（テトラ）つながった構造を持つ。抗菌スペクトルは，グラム陽性菌，グラム陰性菌，スピロヘータ，リケッチア，クラミジア，マイコプラズマと極めて広い。作用機序は，細菌細胞のリボソーム30Sサブユニットに結合し，その結合部位がmRNA-リボソーム複合体のアミノアシルtRNA結合部位に相当するため，タンパク質合成を阻害する。その作用は静菌的である。

2) 薬物動態

テトラサイクリン系薬は，時間依存型抗菌薬に分類される。

いずれの投与経路でも薬剤は速やかに吸収され，体内分布は良好である。オキシテトラサイクリン（OTC）の経口投与の場合，投与後2～3時間で血中濃度が最高に達し，その半減期は3～9時間と比較的長い。排泄は大部分が腎から尿を通じて行われ，一部は肝から胆汁を介して行われる。

3) 副作用

テトラサイクリン系薬の主な副作用として，肝障害，過敏症，消化器障害，骨の発育障害，歯牙の黄色化などが知られている。

(7) サルファ剤

1) 作用機序など

サルファ剤は，スルフォンアミドを母格とした誘導体である（図9-5）。ドイツのDomagkがプロントジールを1933年に発見し，後にノーベル賞を受賞している。

抗菌スペクトルが比較的広く，グラム陽性球菌やグラム陰性菌のほか，コクシジウムなどの原虫に対しても有効である。作用機序は，細菌の葉酸合成の阻害である。細菌はパラアミノ安息香酸（PABA）から葉酸を合成し，DNA合成の原料となるプリン体を合成するが，サルファ剤はPABAと構造が類似する（図9-5）ため，これと競合してジヒドロ葉酸（DHFA）の生成を阻害する。その作用は静菌的である。

2) 薬物動態

注射後の血中濃度の持続は，24時間以上と長く，体内分布も良好で，乳汁中への移行も認められる。肝で代謝され，腎を経て尿中へ排泄される。

3) 副作用

サルファ剤の主な副作用として，腎障害，消化器障害，過敏症，貧血，白血球減少，血小板減少などが知られている。

(8) フルオロキノロン系薬

1) 作用機序など

フルオロキノロン系薬は，キノリン環の6位にフッ素，7位に環状塩基性基をもつ構造を基本骨格とする（図9-6）。

抗菌スペクトルは，グラム陽性菌からグラム陰性菌，マイコプラズマと広く，その抗菌力も強い。作用機序は，細菌DNAの複製に関する酵素であるDNAジャイレースおよびトポイソメラーゼIVの機能の阻害である。一般的に，グラム陰性菌に対する抗菌活性はDNAジャイレースの阻害，グラム陽性菌に対してはトポイソメラーゼIVの阻害と関連している。その作用は殺菌的である。

フルオロキノロン系薬の中でエンロフロキサシン（ERFX）の注射剤が初めて乳房炎治療薬として承認されたが，フルオロキノロン系薬は，人医療上重要な医薬品であることから，「動物に使用する場合は，第一次選択薬が無効の症例に限り，第二次選択薬として使用すること」とされているので，適正かつ慎重に使用し

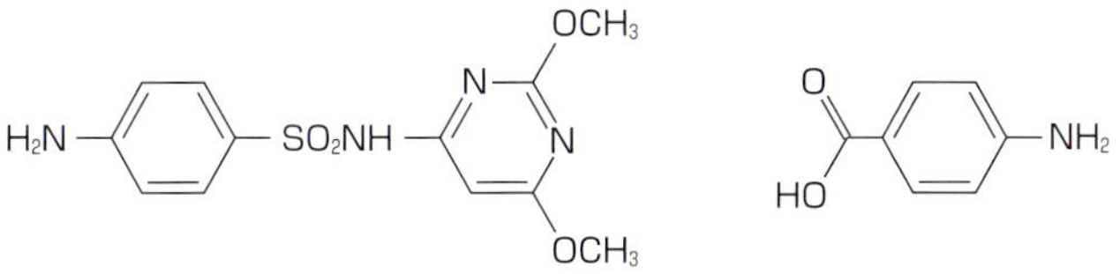

図9-5 スルファジメトキシンとパラアミノ安息香酸の構造式

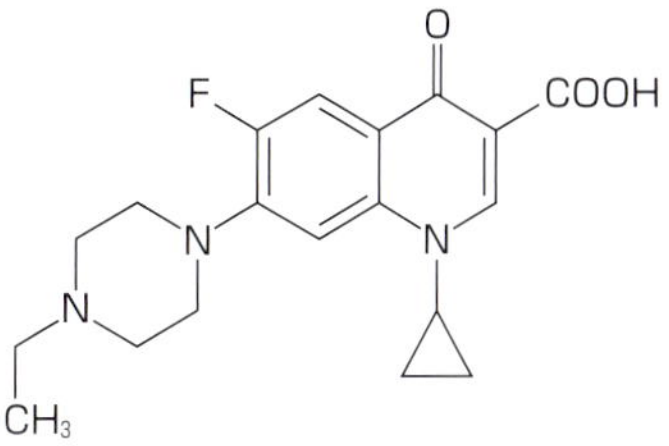

図9-6 エンロフロキサシンの構造式

なければならない。

2) 薬物動態

フルオロキノロン系薬は，濃度依存型抗菌薬に分類される。アミノグリコシド系薬と同様にPAEを有する。

ERFXを牛に筋肉内注射すると，体内分布は良好で，各臓器中の濃度は血中濃度より高く，特に腎と肝では約3〜4倍の濃度であった。静脈注射の血中濃度の半減期は5.4時間であった[14]。ERFXの代謝物であるシプロフロキサシンは，人の医薬品として使用されており，当然抗菌活性を持つ。排泄は，尿中と胆汁中で，未変化体とシプロフロキサシンがほぼ同濃度含まれている。

3) 副作用

フルオロキノロン系薬の主な副作用として，中枢神経症状，腎障害，関節障害などが知られているが，牛での副作用報告はほとんどない。

(9) その他の治療薬

乳房炎の治療薬は抗菌剤が主であるが，最近グリチルリチン酸またはラクトフェリン（LF）を主成分とする治療薬が市販されているので概説する。

1) グリチルリチン酸

グリチルリチン酸[11, 15]は，従来の治療薬である抗菌剤と併用することにより，抗菌剤の単独使用に比べ，優れた治療効果をもたらす。

①作用機序など

グリチルリチン酸は，植物の甘草の根・根茎からの抽出物である。甘草は，甘味があるため甘味料として用いられるほか，古くから漢方に配合されており，抗炎症作用を持つ。人体薬として肝臓疾患用剤およびアレルギー用薬として使用されている。

グリチルリチン酸は，炎症起因因子のひとつであるヒスタミンの産生を抑制するほか，炎症時の好中球の過剰な浸潤を調製する作用があり，その結果として乳腺組織のダメージを軽減し，乳房の炎症を改善する。

②薬物動態

乳牛にグリチルリチン酸を乳房内投与すると，血中濃度は12時間後にピークとなり，腎，肝，小腸，脂肪，筋肉などに分布する。排泄は，大部分は乳汁中からであるが，体内に吸収されたものは腎を経由し尿中に排泄される。

③副作用

牛では特に報告されていない。

2) ラクトフェリン

ラクトフェリン（LF）[16]は，赤色の糖タンパク質で，牛乳の乳清画分から1939年に発見された。1960年には母乳由来のLFおよび牛乳由来のLFが単離され，アミノ酸配列が決定された。日本では食品添加物として指定されて

いる。

①作用機序など

LFは，細菌の増殖に必要な鉄を奪うことで抗菌活性を発揮する。この抗菌作用以外にも免疫担当細胞や補体の活性化作用が報告されており[7, 8]，乾乳期に乳房内投与し，分娩直後の乳房炎発生率を低減させるものである。

②薬物動態

乾乳7日後の牛にLFを乳房内に投与したところ，血清中のLF濃度は投与前とほとんど変わらなかった。泌乳牛にLFを乳房内に投与したところ，乳汁中のLF濃度は1～4時間後に最高となり，8時間後には投与前の濃度に低下した。その半減期は2.2時間であった。

③副作用

生体成分であることもあり，牛では特に報告されていない。

3. 抗菌剤の使用に係る法規制

抗菌剤を使用する際，どのような法律の規制がかかるのだろうか？　抗菌剤は，医薬品であることから当然「医薬品，医療機器等の品質，有効性及び安全性の確保等に関する法律（薬機法，旧薬事法）」により規制されている他，獣医師法による規制もある（**図9-7**）。以下にその概要を解説する。

(1) 獣医師法における医薬品の使用（要診察医薬品）

獣医師が診療を行うことなく，農家などの依頼に応じて投与または処方した場合に，家畜の死亡，病原体のまん延などの危害が生じる恐れのある医薬品については，その投与・処方にあたって獣医師自ら診察することが義務付けられている（法第18条）。このような要診察医薬品としては，後述する要指示医薬品や使用規制省令に規定されている医薬品が対象である。この規定に違反した獣医師には，20万円以下の罰金が科せられる。

(2) 薬機法における規制

1) 動物用医薬品の販売の規制（要指示医薬品）

動物用医薬品のうち，以下の4つを要指示医薬品として農林水産大臣が指定している。
①使用にあたって獣医師の専門的な知識と技術を必要とするもの
②副作用の強いもの
③病原菌に対して耐性を生じやすいもの
④使用期間中に獣医師の特別の指導などを必要とするもの

薬局開設者または医薬品の販売業者は，獣医師からの処方せんの交付または指示を受けた者以外に要指示医薬品を販売・授与してはならないと定められている（法第49条）。この規定に反して販売した販売業者には，3年以下の懲役もしくは300万円以下の罰金が科せられる。

要指示医薬品の例としては，抗菌剤以外ではワクチン（鶏痘ワクチンを除く），ホルモン，インターフェロンなどがある。ただし，使用する対象動物が決まっており，牛，馬，めん羊，山羊，豚，犬，猫または鶏に使用することを目的とする医薬品に限定されていることに注意したい。要指示医薬品の制度は販売規制であるが，上記の4種類の指定理由からもわかるように，その使用にあたっては獣医師の指導などを受ける必要がある。

2) 動物用医薬品及び医薬品の使用の規制（使用規制省令）

薬機法の規定（法第83条の4第1項）により，農林水産大臣は「動物用医薬品であって，適正に使用されるのでなければ対象動物の肉，乳その他の食用に供される生産物で人の健康を損なうおそれのあるものが生産されるおそれのあるものについて，農林水産省令で，その動物用医薬品を使用することが出来る対象動物，対

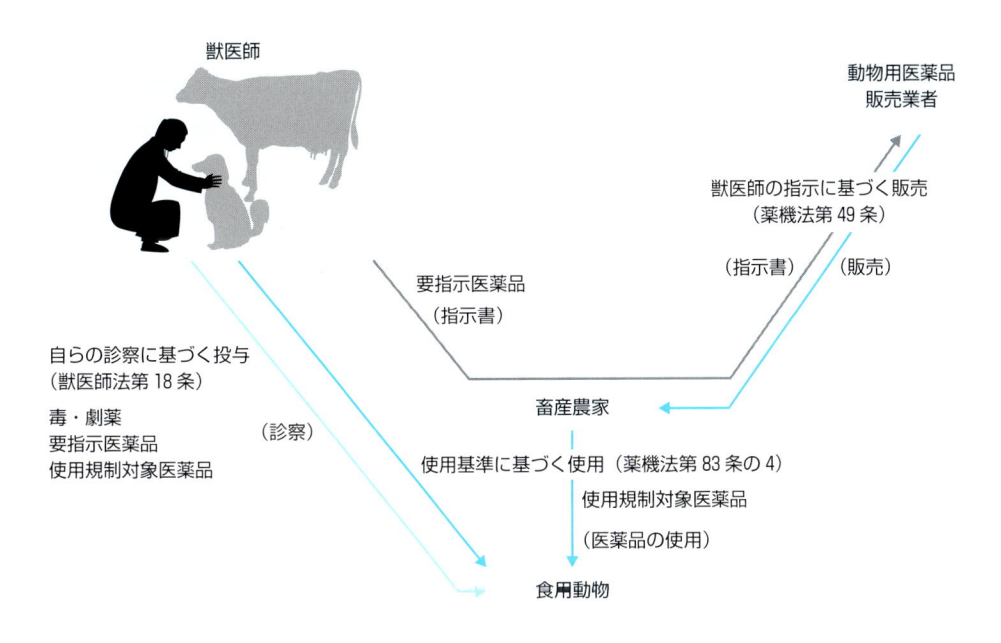

図 9-7　動物用医薬品の適正使用のための法的措置
薬機法：医薬品，医療機器等の品質，有効性及び安全性等の確保等に関する法律

象動物に使用する場合の時期その他の事項に関し使用者が遵守すべき基準を定めることができる」ことになっており，1980年に動物用医薬品の使用の規制に関する省令が制定された。その後，法第83条の3の未承認医薬品の対象動物への使用禁止規定も取り込んで，2013年に動物用医薬品及び医薬品の使用の規制に関する省令（以下「使用規制省令」）となった。

遵守すべき基準が定められた動物用医薬品の使用者は，当該基準に定めるところにより，当該動物用医薬品を使用しなければならない。ただし，獣医師がその診療に係る対象動物の疾病の治療または予防のためやむを得ないと判断した場合において，特例で使用（いわゆる適応外使用）するときは，この限りでない（法第83条の4第2項）とされている。

具体的な基準は，以下のとおりである（**表9-6**）。

①使用規制省令別表第1～3の動物用医薬品は，表の動物用医薬品使用対象動物以外の対象動物に使用してはならない。
②別表第1および別表第2の動物用医薬品を動物用医薬品使用対象動物に使用するときは，表の用法および用量により使用しなければならない。
③別表第1および別表第2の動物用医薬品を動物用医薬品使用対象動物に使用するときは，表の使用禁止期間を除く期間において使用しなければならない。
④別表第3の動物用医薬品は，食用に供するために出荷する対象動物または食用に供するために出荷する乳，鶏卵などを生産する対象動物への使用を禁止する。具体的にはクロラムフェニコール，ニトロフラゾンおよびマラカイトグリーンを有効成分とするものの3種が定まっている。なお，各乳房炎治療薬の使用禁止期

115

表 9-6　使用者が遵守すべき使用規制省令の別表第 1 の一部

動物用医薬品	動物用医薬品使用対象動物	用法および用量	使用禁止期間
エリスロマイシンを有効成分とする乳房注入剤	牛（泌乳しているものに限る）	1日量として搾乳後に1分房1回当たり300 mg（力価）以下の量を注入すること。	食用に供するためにと殺する前5日間または食用に供するために搾乳する前72時間

間は**表 9-1**〜**表 9-3**に示した。
⑤獣医師が特例で動物用医薬品を使用する場合は，その診療に係る対象動物の所有者または管理者に対し，出荷制限期間（当該対象動物の肉，乳その他の食用に供される生産物で，人の健康を損なう恐れがあるものの生産を防止するために必要とされる期間）を出荷制限期間指示書により指示しなければならない。この場合において別表第 1 および第 2 の動物用医薬品を使用対象動物に使用するときは，動物の種類に応じ，表の使用禁止期間より長く出荷制限期間を指示しなければならないとされている。
⑥使用規制省令別表第 4 の医薬品では，食用に供するために出荷する対象動物または食用に供するために出荷する乳，鶏卵などを生産する対象動物への使用を禁止する。具体的にはクロラムフェニコール，クロルプロマジンおよびメトロニダゾールである。

　なお，上記⑤については，その適切な出荷制限期間はどこにも記載されていないことから，指示することは極めて困難である。したがって，獣医師による使用の特例は，行わない方が賢明と思われる。
　動物用医薬品を家畜などに使用した場合，これら使用禁止期間などを守って出荷しなければならない。もし誤って使用禁止期間内に出荷した場合，その使用者には 3 年以下の懲役もしくは 300 万円以下の罰金が科せられるので注意しなければならない。

(3) 適正使用と慎重使用

　動物用医薬品の適正使用とは，「法令や用法用量を遵守し，使用上の注意を守り正しく使う」ことである。このように使用することにより，対象動物に安全かつ有効に作用し，残留のない安全な畜産物を供給することができる。ところが近年，動物用抗菌剤の使用により動物体内で発現した薬剤耐性菌が畜産物に付着し，その菌が人に食中毒を起こした場合，人の治療が困難になるというリスクが問題視されている。このリスクに対して，動物用抗菌剤を使用すべきか否かの判断を含め，必要な時に適正に使用し，その効果を最大限に発揮させ耐性菌の発現を最小限に抑えるという「慎重使用」のガイドラインが提唱されている。
　日本においても 2013 年，「畜産物生産における動物用抗菌性物質製剤の慎重使用に関する基本的な考え方」が公表された [30]。その基本方針は，家畜での薬剤耐性菌の選択および伝播を極力抑えること，家畜から人への薬剤耐性菌または薬剤耐性決定因子の伝達を抑え，人の医療に使用する抗菌性物質製剤の有効性を維持すること，家畜での抗菌剤の有効性を維持することである。具体的な慎重使用の中身は以下のとおりである。

①適切な飼養衛生管理による感染症予防に努め，抗菌剤の使用機会を減らすこと。
②適切に病性を把握し，病原体の分離等行い，正確に診断すること。
③薬剤感受性試験を行った上で有効な抗菌剤を選択し，フルオロキノロンなどの第二次選択薬は，第一次選択薬が無効の場合にのみ使用すること。
④未承認薬の使用，適応外使用は原則として行わないこと。
⑤感染症が常在しているなどの理由から，健康な家畜に抗菌剤をあらかじめ投与すること（予防的投与）は，極力避けること。
⑥抗菌剤の併用は，副作用の出現を助長するなどの恐れがあることから，極力避けること。
⑦症状の改善・緩和を図るための対症療法の併用を考慮すること。
⑧抗菌剤の投与後の効果判定を実施し，必要に応じて抗菌剤を変更すること。
⑨薬剤耐性菌の発現状況や抗菌剤の流通量などに関する情報を共有すること。

慎重使用は，適正使用よりさらに注意して使用するという概念であり，乳房炎の治療にあたってもこの慎重使用の考え方を遵守することが大切である。

References

[1] Allott, A. J. 1937. The treatment of bovine mastitis with sulfanilamide a preliminary report. *J. Am. Vet. Med. Assoc.* **91**: 588-596.

[2] Collins, J. H. 1948. The present status of penicillin in veterinary medicine. *J. Am. Vet. Med. Assoc.* **113**: 330-333.

[3] 動物用抗菌剤研究会．2004．動物用抗菌剤マニュアル．インターズー．東京．

[4] 動物用抗菌剤研究会．2004．付録1　主な動物用抗菌薬の抗菌スペクトル．p.183．動物用抗菌剤マニュアル．インターズー．東京．

[5] 動物用抗菌剤研究会．2013．動物用抗菌剤マニュアル第2版．インターズー．東京．

[6] 動物用抗菌剤研究会．2013．動物用抗菌剤マニュアル第2版．pp.75-184．インターズー．東京．

[7] Kai, K., Komine, Y., Komine, K., Asai, K., Kuroishi, T., Kozutsumi, T., Itagaki, M., Ohta, M., Kumagai, K. 2002. Effects of bovine lactoferin by the intramammary infusion in cows with Stahpylococcal mastitis during the early non-lactating period. *J. Vet. Med. Sci.* **64**: 873-878.

[8] Kai, K., Komine, K., Komine, Y., Kuroishi, T., Kozutsumi, T., Kobayashi, J., Ohta, M., Kitamura, H. and Kumagai, K. 2002. Lactoferrin stimulates a *Staphylococcus aureus* killing activity of bovine phagocytes in the mammary gland. *Microbiol. Immunol.* **46**: 187-194.

[9] Kakavas, J. C. 1944. Penicillin in the treatment of bovine mastitis a preliminary report. *North Am. Vet.* **25**: 408-412.

[10] Kakavas, J. C., Palmer, C. C., Hay, J. R. and Biddle, E. S. 1942. Homogenized sulfanilamide-in-oil Intramammary injections in bovine mastitis. *Am. J. Vet. Res.* **3**: 274-284.

[11] Lava-netホームページ．マストリチンに関する文書．
http://www.lava-net.jp/KS/mastrhizin/mastrhizin_tec_note.pdf

[12] Little, R. B. 1939. The effect of sulfanilamide on bovine mastitis streptococci. *Corn. Vet.* **30**: 287-294.

[13] Miller, W. T., Mingle, C. K., Murdock, F. M. and Heishman, J. O. 1939. The concentration of sulfanilamide in the blood and milk of cattle and its effect on *Brucella abortus* and Streptococcal infections of the bovine udder. *J. Am. Vet. Med. Assoc.* **94**: 161-171.

［14］内閣府食品安全委員会．エンロフロキサシン評価書．

http://www.fsc.go.jp/fsciis/evaluationDocument/show/kya20071024051

［15］内閣府食品安全委員会．グリチルリチン酸評価書．

http://www.fsc.go.jp/fsciis/evaluationDocument/show/kya20081030071

［16］内閣府食品安全員会．ラクトフェリン評価書．

http://www.fsc.go.jp/fsciis/evaluationDocument/show/kya20110510031

［17］内閣府食品安全委員会．ピルリマイシン評価書．

http://www.fsc.go.jp/fsciis/evaluationDocument/show/kya20081030081

［18］日本化学療法学会．2013．抗菌薬適正使用生涯教育テキスト改訂版．東京．

［19］二宮幾代治．1980．家畜の抗生物質と化学療法．養賢堂．東京．

［20］農林省畜産局長通知．乳房炎治療用注入剤の取扱いについて．1970年6月30日付け45畜A第3499号．

［21］農林水産省動物医薬品検査所．動物医薬品等データベース．

http://www.nval.go.jp/asp/asp_dbDR_idx.asp

［22］農林省動物医薬品検査所．1965．国家検定および検査実施状況．動物医薬品検査所年報．第3号：14-15．

［23］農林水産省動物医薬品検査所．1986．年度別の抗生物質製剤の検定成績．pp.108-127．動物医薬品検査所30年のあゆみ．東京．

［24］農林水産省動物医薬品検査所．1996．年度別の抗生物質製剤の検定成績．pp.54-59．動物医薬品検査所最近10年のあゆみ．東京．

［25］農林水産省動物医薬品検査所．動物用医薬品，医薬部外品及び医療機器販売高年報．2012．

http://www.maff.go.jp/nval/iyakutou/hanbaidaka/pdf/hanbaidaka20140410.pdf

［26］農林水産省動物医薬品検査所．動物用医薬品，医薬部外品及び医療機器製造販売高年報（別冊）各種抗生物質・合成抗菌剤・駆虫剤・抗原虫剤の販売高と販売量．2012．

http://www.maff.go.jp/nval/iyakutou/hanbaidaka/pdf/h24-koukinzai_re.pdf

［27］農林水産省．動物用抗生物質医薬品基準の一部改正．2006年11月9日．農林水産省告示第1523号．

［28］農林水産省動物医薬品検査所．副作用情報データベース．

http://www.nval.go.jp/asp/se_search.asp

［29］農林水産省経営局．家畜共済における抗菌性物質の使用指針．2009年3月．

http://www.maff.go.jp/j/keiei/hoken/saigai_hosyo/s_yoko/pdf/2-3_1.pdf

http://www.maff.go.jp/j/keiei/hoken/saigai_hosyo/s_yoko/pdf/2-3_2.pdf

http://www.maff.go.jp/j/keiei/hoken/saigai_hosyo/s_yoko/pdf/2-3_3.pdf

［30］農林水産省消費・安全局畜水産安全管理課長通知．畜産物生産における動物用抗菌性物質製剤の慎重使用に関する基本的な考え方．2013年12月24日付け25消安第4467号．

http://www.maff.go.jp/j/syouan/tikusui/yakuzi/pdf/lastmain.pdf

［31］吉田信行，天野毅，桐沢純．1953．乳房炎の化学療法 Ⅲ．*Streptococcus agalactice* 以外の連鎖状球菌性乳房炎の治療．日獣会誌．**6**：155-158．

［32］吉田信行，桐沢純，天野毅．1950．乳房炎の化学療法Ⅰ．乳房内注入によるペニシリンの乳中濃度．日獣会誌．**3**：379-383．

［33］吉田信行，桐沢純，兼清知彦，牛見忠蔵．1955．乳房炎の化学療法 Ⅴ．フラシンを中心として．日獣会誌．**8**：107-112．

※ URLは2015年8月現在。

動物用抗菌剤研究会
Japanese Society of Antimicrobials for Animals：JSAA
http://www.jantianim.jp/

動物用抗菌剤の知識および技術の普及，薬剤耐性菌に関する研究調査，薬剤使用の適正化を図り，畜・水産振興に寄与することを目的に1973年4月設立。主な活動に「動物用抗菌剤研究会報」の発行，標準薬剤感受性試験法ならびに臨床試験ガイドラインの制定，シンポジウムの開催など。

［連絡先］
〒180-8602
東京都武蔵野市境南町1丁目7番1号
日本獣医生命科学大学獣医微生物学教室内
動物用抗菌剤研究会事務局
電話：0422-31-4151（内線253〜255）
FAX：0422-31-4560
E-mail：info@jantianim.jp

牛の乳房炎治療ガイドライン

2015年10月10日　第1刷発行 ©

編　者	動物用抗菌剤研究会
発行者	森田　猛
発行所	株式会社 緑書房
	〒103-0004
	東京都中央区東日本橋2丁目8番3号
	TEL 03-6833-0560
	http://www.pet-honpo.com
編　集	羽貝雅之，大谷裕子
カバーデザイン	尾田直美
印刷・製本	アイワード

ISBN 978-4-89531-247-9　Printed in Japan
落丁・乱丁本は弊社送料負担にてお取り替えいたします。

本書の複写にかかる複製，上映，譲渡，公衆送信（送信可能化を含む）の各権利は株式会社緑書房が管理の委託を受けています。

[JCOPY]〈(一社)出版者著作権管理機構　委託出版物〉
本書を無断で複写複製（電子化を含む）することは，著作権法上での例外を除き，禁じられています。
本書を複写される場合は，そのつど事前に，(一社)出版者著作権管理機構（電話03-3513-6969，FAX03-3513-6979，e-mail：info@jcopy.or.jp）の許諾を得てください。また本書を代行業者等の第三者に依頼してスキャンやデジタル化することは，たとえ個人や家庭内の利用であっても一切認められておりません。